IT素人を説得する技術

（アイティーしろうと）

Technique to persuade Information Technology amateurs.

黒音こなみ

C&R研究所

■ 本書について

●本書は技術書典6（2019年4月14日）にて頒布した同人誌『対・ITオンチ理論武装』を加筆・修正したものです。

はじめに

面倒な相談に、噛み合わない会話……。

ストレスは際限なく蓄積され、貴重な時間は瞬く間に過ぎ去ります。

この本のタイトルに惹かれたあなたは、きっと日ごろから、そんな**ＩＴ素人**とのコミュニケーションに苦労されているのでしょう。

本書は、これらから身を守る**「理論武装」**を各自で行えるよう、著者が経験したサポート業務や、私生活での相談対応時のノウハウをまとめたものです。

「理論武装」と言うと、討論で相手をぐうの音も出ないように打ち負かすための「武器」を想像するかもしれません。

しかし、本書の内容は「盾」や「鎧」といった、どちらかというと「防具」のイメージです。

討論ではなく「相談」ですから、相手が腑に落ちないまま説き伏せても、問題は解決しません。「理論」を用いることで、自分の負担を軽減した上で、問題も円滑に解決できる、「良きサポーター」となることを本書では目指しています。

さっそく実践に行く前に

本書は、大きく分けて二部構成となっており、実践集の前に「問題の整理」を行う章を設けています。この後の、第1章から第4章までが、それにあたります。

「彼らと付き合うと大変なのはなぜ？」を紐解き理解することで、あなた自身の心構えも変わり、その後の実践集へと、スムーズに入ることができます。メンタル面も含めての、武装前の下準備といったところです。

そして、第5章から第9章までが、いよいよ「実践編」となります。

コミュニケーションの基礎である、「聞く」「教える」「断る」「説得する」という状況ごとの理論武装と、ＩＴ素人が絡むビジネスシーンでの危険回避の方法について、ご紹介します。

対象読者

本書は次のような方を対象としています。

- パソコン、スマホに関しての基礎知識がある
- ある程度のトラブルは、ネット検索を駆使して解決することができる

●私生活、または職場でのＩＴ関連の相談対応でストレスを抱えている
●人間関係を大切にしたい

では、前置きはこれくらいに「対・ＩＴ素人理論武装」をはじめましょう。
本書が、あなたの苦労に寄り添い、より良き生活の手助けとなれば幸いです。

２０２０年３月

黒音こなみ

CONTENTS

目次

問題の背景にあるものは

第3章 視点が変わるとストレスは減る

第4章 効果的な理論武装のために

聞く

教える

断る

第8章 説得する

第9章 危険信号を事前に察知せよ！

第1章 彼らとの付き合いはなぜ大変か

ＩＴ素人は人間関係の問題

まずは、ＩＴ素人とはどういう人なのか、彼らと付き合うと、何が大変なのかを知っておきましょう。

ＩＴ素人と言うからには、当然、ＩＴ関連に疎いという特徴があります。

この言葉が出てきたのはいつごろでしょうか。90年代初期までは、一部の家電やテレビゲームがその下地になっていたとはいえ、ＩＴ機器の象徴とも呼ぶべきパソコンを使いこなせる人は、「パソコンオタク」などと、蔑称気味に呼ばれていたものです。

それが、今や、仕事や日常生活でその需要は増し、扱えるかどうかで、就労やコミュニケーションが限定されてしまうほどの存在となりました。

学校の授業でも基礎科目となり、プログラミングさえも教える時代です。そんな時流の中で、ＩＴ教育の年代からは外れ、仕事や趣味などでも、ＩＴと接する機会がなかった人たちでさえも、その使用を避けては通れなくなったわけです。それも、Ｉ

Tスキルがゼロの状態で……。

こうした人たちは、職場でもプライベートでも、周囲に一定数いるものです。よって、その人たちを相手にした商談や、技術サポートをする人も、当然ながら出てきます。まだ実態を知らないころは、みんな、ほんの少し基本を教えれば、彼らとの溝はすぐに埋まるだろうと考えます。

しかし、程なくしてそれが浅はかであったことを知ります。単に、ＩＴに疎いというだけの問題ではなかったのです。普段の関係は良好なのに、ＩＴ絡みの相談となると、得も言われぬストレスを感じてしまう。それが、ＩＴ素人であり、問題は人間関係を揺るがすまでに、深刻なものだったのです。

ここからは、ＩＴ素人との付き合いがなぜ大変なのか、具体的な事例とともに振り返ってみましょう。改めて、ＩＴ素人とは、人間関係の問題だと、実感することでしょう。

皆さんは、日ごろ、どのような場面で、どのようなことに苦労していますか？

忙しいときに相談してくる

彼らは、こちらが忙しいときでも「緊急」を振りかざして、自分の都合を最優先に対応を迫ってきます。

たとえば、こんな経験はありませんか?

事例

予定されているミーティングに向けて、慌ただしく資料を準備するあなた。そこに、同部署のＩＴ素人の部長がやってきて言います。

「さっきから、パソコンの調子が変なんだ。君、ちょっと見てくれないか?」

どうして、よりにもよって、こんな忙しいときに……。あなたは、内心でうんざりしながら答えます。

「すみません。これからミーティングでして。終わってから確認します」

「いやいや、終わるのを待っていたら、その間、業務に支障が出るじゃないか。どちらが重要かわかるだろ？　ささっと見てくれよ」

お願いをする立場だというのに、まるで責めるような口調で対応を要求してきます。

仕方なく、あなたはしぶしぶ部長のデスクへと向かうのでした。

その後、なんとか不調の原因は解決できましたが、ミーティングには遅刻してしまいました。

なにより、相手も緊急時で焦っていたとはいえ、こちらの都合はお構いなしという態度を突き付けられたことに、あなたは言いようのないストレスを感じてしまうのでした。


この例では、その場で無理やり対応させられる羽目になりましたが、たとえ後回しでよいと言われても、忙しいときにこの手の相談を持ち掛けられると気が滅入ってしまいます。

ＩＴ素人とのコミュニケーションは、スムーズにいかないことばかりです。相談を受けた時点で、ある程度の時間が割かれることを、覚悟しなければなりません。

何を言っているのかわからない

ＩＴ素人から助けを求められたときに、彼らが何を言っているのかわからなくて困るということが、往々にしてあります。

たとえば、こんな経験はありませんか？

事例

一人暮らしのあなたに、実家から電話がありました。

「さっきまで、パソコンで作ってたやつが消えちゃったけど、直せない？」

ＩＴ素人の母の第一声です。おそらく、何かの入力作業をしていて、それを保存せずに終了してしまったのか、または、ファイルを間違って削除してしまったのでしょうか。

「それだけじゃ、意味がわからないよ。何のソフトで何をしていたの？」

「地区の人への、『運動会のお知らせ』よ。うちは今年、役員だから」

「お知らせ？　メールを書いてたの？　それを送信前に消しちゃったの？」

「違う違う、メールは携帯で送るものでしょ？　パソコンの話をしているの！」

こんな調子で話が噛み合いません。苦労の末にようやく、母が作っていたのはメールではなく、文書ファイルなのだとわかりました。

また、消えたというのも間違いで、実際は作成後にファイルを保存したフォルダが、わからなくなっただけでした。

たったこれだけのことだったのに、解決までに長い時間が費やされ、お互いにイライラして喧嘩のようなやり取りになってしまいました。


ＩＴ素人は、基礎となる知識や情報伝達に必要な語彙が不足しているので、口頭の説明だけを頼りにすると、大いに混乱させられます。

実際に目で見て確認できれば早いのですが、電話でのやり取りだと、それもできません。仕事でコールサポート業務を経験している方は、日々、こうしたやり取りに、いらだちを募らせているのではないでしょうか。

すぐ故障や不具合だと決め付ける

カスタマーサポートなどでは、最初から怒り心頭の顧客と接しなくてはならないこともあります。しかも、よくよく事情を聞いてみれば、使用者の知識不足が原因で問題が発生しているケースも珍しくはありません。

たとえば、こんな経験はありませんか?

事例

あなたの働く家電量販店に、「買ったばかりパソコンが、もう壊れた!」と、一人の顧客が怒鳴り込むような勢いでやってきました。

話を聞くと、顧客の言い分は次のようなものでした。

「キーボードが壊れて、数字がまったく打てないんですよ。おすすめの商品だと言うから買ったのに、不良品を押し付けたんじゃないですか?」

あなたはすぐに状況を理解し、NumLockキーというものがあり、それを押すと数字が入力できなくなってしまう仕様を説明しました。

顧客は状況こそ理解したものの、「どうしてそんな紛らわしい機能を付けるんだ」「買っときに説明がなかった」と、自分が被ったトラブルに対して憤慨したまま引き上げていきました。

確かに、初心者にとってＩＴ機器は未知の機能ばかりで、仕様を不具合と勘違いして問い合わせてくる顧客も少なくはありません。

しかし、丁寧に一つひとつ教えていたら時間がいくらあっても足りないし、相手だって、覚えきれないでしょう。せめて、その辺の事情は理解し、クレームを入れる前に、「よくある質問」を見るくらいしてほしいと、あなたはため息を吐くのでした。

よくメディアで、問題のない商品に無理やり悪態をつけるクレーマーの話が紹介されますが、ＩＴ素人の人々は、本人たちに悪気がなくても結果的にそれに近い行動を取ってしまうことがあります。

仕事のうちとはいえ、理不尽な怒りをぶつけられる担当者のメンタルは、すり減るばかりです。

自分で調べてくれない

一口にＩＴと言っても、その言葉のカバーする範囲はきわめて膨大です。すべての分野の知識を網羅することは到底不可能であり、わからないことがあれば、その都度、ネットや書籍などで調べる必要があります。

ところが、ＩＴ素人の中にはそうした認識自体がない人もいます。

たとえば、こんな経験はありませんか？

事例

会社でネットワークエンジニアとして働くあなたは、ある不満を抱えていました。他業種の同僚たちが、ＩＴ関連でわからないことがあると、すぐに自分を頼ってくるのです。今日も、新入社員が来て一人ずつ自己紹介をした際に、上司があなたの紹介の後に、補足して言いました。

「ＩＴにすごく詳しいからね、わからないことは、この人に聞くといいよ」

あなたは抗議したい気持ちでいっぱいでしたが、雰囲気上、押し黙るしかありませんでした。

不満は対応に時間を取られることの他に、その相談内容にもありました。聞かれるのはいつも、パソコンやプリンタの不調、表計算の使い方といった、自分の担当業務と関係のないものばかりなのです。そのため、持ち前の知識では対応できずに、ネットで情報を探して教えてあげることも少なくありません。

正直、「こっちも知らないんだから自分で調べてよ」という心境で、忙しいときは実際にそうお願いもしているのですが、期待はずれと言わんばかりの反応や、意地悪で教えないかのような誤解をされてしまうこともあります。

ＩＴ関連業種の肩書だけで、専門外のことまでも「まず、こいつに聞け」との職場の空気が、どうにも納得がいきません。

事例のように、ＩＴ素人は、ＩＴ分野を一緒くたにしがちで、それに関わる技術者を見つけると、専門外でもここぞと依存してくる傾向があります。それも、自分で調べられるようなことまで聞くので、不満を持たれるのです。

説明するのに一苦労

基礎的な知識や語彙が不足しているＩＴ素人からのヒアリングは大変ですが、逆にこちらから説明する場合にも相当な労を要します。

たとえば、こんな経験はありませんか？

事例

あなたの父親は、ことあるごとにＩＴ関連の質問をしてくるのですが、面倒なのは、やりたいことや問題解決のための操作を教えると、その手順の意味や原因についての解説も求めてくるのです。

確かに、基礎を理解していた方がいいだろうと思って応じはするのですが、用語が通じなかったり、現状の説明のために長い前説が必要だったりと、大きな負担がかかります。

しかも、せっかく説明しても、後日、同じ質問をしてくることもあるのです。メモも取らず、その場限りの好奇心で聞いてくる印象で、正直いい迷惑でした。

先日、その父親から「急にパソコンが壊れても、データが消えないようにしたい」という依頼があり、あなたはクラウドとのファイル同期サービスを利用することにしました。

初期設定さえすれば、普段は意識してバックアップの操作を行う必要がないため、あなたとしては余計な手間は省きたかったのですが、ここでも「クラウド」や「ファイル同期」といった用語に始まり、インストール中に表示された長文の利用規約や、加入する気もない有料プランの概要までも聞いてくる始末です。

そして、最後には飽きたのか、「わからんから、もういい」と投げ出してしまったので、ついにあなたも我慢できなくなり、喧嘩になってしまいました。

IT素人への説明は根気がいる上に、初心者向けに教え方を工夫しなければなりません。しかし、相手にはそうした苦労も伝わらず、聞き流されたり、忘れられたりと報われず、心が折れてしまう人も多いのです。

言ったとおりにやってくれない

普段、私たちが自然と行っている端末の操作や、改まって説明するまでもないと思っている常識が、ＩＴ素人にとっては思わぬ障害になることがあります。

たとえば、こんな経験はありませんか？

事例

あなたの職場では、本日、会社携帯が一斉にスマホに入れ替わりました。ところが、普段スマホを使っていない年配の社員もいたので、ところどころで使い方がわからないという声が上がっていました。もちろん、そうした状況を見越して、簡易マニュアルも配布されたのですが、中にはタップやフリックといった、基本操作すらできない人もいたのです。

あなたのところにも、そうした同僚の一人が、「マニュアルのとおりにできないんだけど」と、助けを求めてきました。

確認すると、アイコンのタップ時間が長かったので、長押し時のメニューが表示されていました。

「長く押しすぎですね。パッと、素早く押してください」

そう教えましたが、同僚は「パッ」と声を出しながらも、まったく変わらない指使いで、またも長押しメニューを表示させてしまいます。

顔には、「言われたとおりにやったのに」と、不服の表情が浮かんでいます。

「それだと長いので、もっと、パッと、素早くです」

必死のレクチャもむなしく、それから何度か、「パッ！　パッ！」っと、同じ操作が繰り返され、あなたもさすがにうんざりしてしまいました。

その後も社内では、マニュアルも見ずに「できない」と言う人や、思うように動かないのを、「壊れた」と言う人が現れ、周囲を悩ませたのでした。

このように、ＩＴ素人は言われたとおりのことが行えず、その一方で勝手な操作でトラブルを発生させることもあります。そのため、一挙一動を見守らなくてはならず、教える側に負担がかかってしまうのです。

丸投げされてしまう

ＩＴ素人からの相談でありがちなのは、結局は、一から十まで対応する羽目になる丸投げの発生です。中には、最初からそのつもりで相談をしてくる人もいます。たとえば、こんな経験はありませんか？

事例

あなたの職場の年配の上司は、ＩＴ素人で、わからないことがあるたびに周囲に相談を持ち掛けます。しかし、物わかりが悪いので教えるのに疲れた社員が肩代わりを申し出たり、実演をお願いして、結局そのまま対応してもらったりと、丸投げになってしまうことがほとんどでした。

しかも、当初は本人も意図していなかったのかもしれませんが、最近では状況に甘んじてか、声の掛け方も「また、お願いできる？」などと、あからさまに丸投げをほのめかすニュアンスになっています。

本日は、あなたのところに助けを求めて来ましたが、「年寄りには、こういうのは難しくて」などと言いつつ、メモも取らないので、最初から覚える気がないのが丸わかりでした。

これには、さすがに改善を促すべきだと考えたあなたは、いつものように仕事を引き取らず、説明だけして自分のデスクへと戻りました。

それから、気になってそっと様子を見ていると、なんと、上司は違う社員に同じことを聞きに行ってしまったのです。

結果的に、その社員に上司を押し付けた形になってしまい、あなたは気まずい気持ちを抱くとともに、丸投げの改善に関しても、あきらめるしかないように感じたのでした。

丸投げは、頼られているのではなく押し付けられているという印象が強く、腹立たしく感じる人も多いでしょう。特に、事例のように相手が目上の人間だと、なかなか断りにくく、時にはパワハラ問題に発展することもあります。

作業を軽く見積もられる

ＩＴ素人は作業依頼をするときに、作業量や、それに伴う金額や納期を軽く見積もってくる傾向があります。

たとえば、こんな経験はありませんか？

事例

あなたはソフトウェアの開発、販売を行う会社でＳＥとして勤務しています。製品はパッケージ販売ですが、顧客からのカスタマイズの要望に応じることもあり、その商談の際には営業に同席してヒアリングを行います。

付き添いの目的は、表向きは要望に対してその場で技術面からの見解を述べることですが、無茶な要求や無理な条件が横行しないように釘を刺すことが、なによりも重要でした。それは、顧客だけでなく自社の営業担当に対してもです。

特に、本日同行している社員は、他業種から転職したばかりの中途採用者で、ソフトウェア開発にどの程度の理解があるのかが不安でした。

今回の商談は、顧客側の担当者が現場から上がった要望の数々を、精査もせずに流してきている印象で、その気軽さから、あなたは先方が抱くコスト感と現実とのギャップを、早い段階でひしひしと感じていました。

案の定、あなたがそれを伝えると相手はいたく驚いた様子で、「そんなに大変な作業なんですか？」と聞き返してきました。

しかも、説明しようとしたところに、身内の営業担当までもが、「画面に入力欄を追加するだけのことでしょ？」などと、悪い方向で顧客に寄り添った発言をしてくるのでした。

まるで、客の足元を見ている悪辣な商人のような扱いを受け、あなたはいたたまれない気分に浸るのでした。

事例のように、技術者は作業内容、ひいては自分が普段行っている仕事までも軽んじられてしまうことが多く、ストレスに見舞われるだけではなく、時には自尊心までも傷つけられてしまうのです。

セキュリティに無関心

ＩＴ素人は、ＩＴの取り扱いが不得手というだけではなく、セキュリティリスクに対して無関心な面も目立ちます。

たとえば、こんな経験はありませんか？

事例

企業の社内ＳＥとして働くあなたは、日ごろから自社のＩＴリテラシーや、セキュリティ意識の低さを憂いでいました。セキュリティと言っても決して難しい専門知識ではなく、パスワードの管理や、情報の持ち出し、スパムメールへの対応など基本的なことなのです。

しかし、パスワードを忘れないようにと付箋をパソコンに貼る人や、重要情報をフラッシュメモリで気軽に持ち出す人、スパムメールに書かれたＵＲＬをクリックする人など、危険行為をする困った社員が後を絶ちません。

しかも、その困った社員には、会社の上層部の人間までもが含まれています。この日も、仕事中に常務から電話がかかってきました。どうやら社内の情報管理システムにログインする際に、パスワードを規定回数以上に間違えて、アカウントがロックされてしまったようです。

急ぎの様子だったのですぐに解除してあげましたが、常務は苦言を呈するように言ってきました。

「アカウントロックの仕組みはやめたらどうだ？　人間なら忘れたり、間違えたりすることだってあるとは思わんのかね？」

『あなたこそ、他者が不正ログインを無尽蔵に試せる状況になって、ご自分のアカウントが乗っ取られる危険性を考えたことはないのですか？』

そう言いたいのを我慢し、あなたは無難に説明を終え、電話を切るのでした。

セキュリティの不備が原因で発生するトラブルは、企業においては個人の被害だけに留まらず、会社の利益や信用までも脅かします。悪く言えば、ＩＴ素人の社員がセキュリティリスクそのものになってしまうのです。

周りの人まで不便にする

ＩＴ素人の中には、「わからない」「危ない」「面倒」といった理由でＩＴの利用を頑なに拒む人もいます。これが本人だけで完結するならよいのですが、実際は周囲の人間も巻き込んで不便にしてしまいます。

たとえば、こんな経験はありませんか？

事例

あなたが勤務する会社の社長はＩＴに疎く、社としてもその関連への投資に消極的でした。現状は、それで業務は回っていますが、会計ソフトを導入したり、サイトを公開したりすれば、作業効率やサービスの向上に繋がるはずだと、あなたは常日頃より考えていました。

しかし、過去に社長に提案したときには、「使うと情報が漏れて危ないんだ。信用ならない。金もかかる」と、詳しく知りもしないのに、どこかで聞きかじったような話をダシに突っぱねられてしまいました。

余程やむを得ない事情でもない限り、無料でも業務にITを介入させるのが嫌なようで、ましてランニングコストが発生するものなど言語道断という考えなのです。

こうした社長の意向により、周囲も不便を強いられているのですが、社内はともかく、あなたが気の毒に思うのが取引先の人間でした。

社長はメールも使えずに、連絡は基本は電話で、資料のやり取りに関しては、未だにFAXなのです。

「メールが使えんのでね、それ、FAXで送ってくださいな」

今日もまた、電話の向こうで面倒そうに顔をしかめる相手の様子が、あなたの脳裏にまざまざと思い浮かぶのでした。

企業においては、経営層のIT素人に社員が巻き込まれることは珍しくありません。さらに、ITを利用するコミュニケーションでは、双方が共通で使える方法を採用する必要があるため、FAXの事例のように、不便でもIT素人側に合わせなければならないのです。

IT まとめ

いかがでしたでしょうか。ＩＴ素人との関わりで被る苦労を、さまざまな場面での事例を交えて紹介しました。中には思い当たるものがあって、一緒に腹が立ってしまったのではないでしょうか。

これらの事例からは、彼らは周囲が感じているよりも無自覚なまま、負担となる行動を繰り返していることがわかります。少し手間をかけているくらいの感覚しかないか、まったく認知していない場合もあることでしょう。

もちろん、自覚がなければよいわけではなく、むしろ、無自覚な行為からは、自発的な改善があまり期待できません。それに対して、ストレスが積もりに積もった皆さんが、きつい言葉で抗議したりすると、関係がこじれてしまうこともあります。

まさに、ＩＴ素人は、人間関係の問題なのです。

次は、このような迷惑行為が発生する原因について考えてみましょう。

第2章
問題の背景にあるものは

その迷惑行為には理由がある

前章では、身の回りのＩＴ素人にまつわる、苦労体験をご紹介しました。こうした事例の数々を、体験者たちが語るのは、珍しいことではありません。ブログやＳＮＳでは、日々、彼らの生の声が上がっています。

ただ、内容は当時の荒んだ心情の吐露や、主観での愚痴や悪口が中心になりがちで、相手の立場にまでは、気持ちが回らないものです。つまり、迷惑行為を行う原因や、背景にまで関心を抱く人は、ほとんどいないのです。

ですが、問題解決のためには、そこに目を向けることが必要です。ＩＴ素人の、一体、何がＩＴ素人たるかを理解することで、対策や、目指すべきゴールが見えてくるからです。

しかしながら、ここでふと、疑問に思う人もいるのではないでしょうか。たとえば、ＩＴに疎いことと、私たちの都合を考えずに、自分の要求を主張してくることとは、本来、関係のないことです。では、それらは、単に本人の性格の問題ということでしょうか？

いいえ、違います。第1章の事例を読んだときに、「あるある！」と、共感したのなら、おわかりかと思います。そこら中で、同様の事例があるのです。

これは、ＩＴ素人であることによって、本来の性格とは違う部分で、他人に特定の迷惑行為を行ってしまう、ロジックが存在するということです。

私たちはまず、それを知っておく必要があります。一見、ＩＴとは無関係に思うものも含めて、対ＩＴ素人というテーマで向き合うべき問題なのです。

では、これらの迷惑行為は、どうして発生してしまうのでしょうか？

そこを紐解くのが、この章です。彼らが抱える問題の背景に迫り、数々の迷惑行為の原因を探ります。ＩＴに疎いことが、人間関係の問題にまで発展してしまう過程に、光を当てるのです。

さらには、「ＩＴ素人」と呼ばれる人と、そうでない人の境目についても、この章内で、著者としての見解をご紹介したいと思います。

ITへの過信がある

IT素人が、トラブルを起こしてしまう背景にあるもの、その1つ目の原因として紹介するのは、ITへの過信です。

ITは便利な道具(ツール)ですが、利用にはコツがいります。たとえば、ネットで情報検索をするとき、慣れた人ならヒットしやすい語句を、スペース区切りで入力することでしょう。

しかし、IT素人の中には、「○○のやり方を教えてください」と、人間相手に尋ねるような文章で探す人がいます。今でこそ検索エンジンも柔軟に対応しますが、本来は「教えてください」といった部分は検索に邪魔なノイズであり、省略するべきです。

そうしないのは、作法を知らないのはもちろんですが、システムが自分の意図を勝手に理解して、ベストアンサーを返してくれるという**過信**からです。そのため、検索結果の取捨選択や、時には求める情報が存在しないと判断する必要性すらも、認識できていないことがあるのです。

このように、彼らが考えるＩＴの利便性は、現状にはそぐわないものですが、方向性は間違っていません。

ＩＴ技術を下支えするコンピュータの起源は計算機であり、内部では厳密なやり取りが行われますが、ユーザーが触れるインターフェースは、曖昧な問い合わせにも対応できる融通性と、扱いやすいデザインへの改良を重ねてきました。その恩恵により、元は一部の技術者しか扱えなかった難解な代物を、私たちが利用できるようになったのです。

ユーザーの意図を理解し、求める情報とマッチングする機能も、現在、業界が開発に勤しむＡＩ技術により、将来的に高い水準で実現することでしょう。

このように、技術は大衆向けに進歩し、それを普及させるマーケティングは簡単で万能であることを強調するので、実態を知らない人間は利便性を過剰なまでに思い描いてしまうのです。

しかし、こうした過信は各場面で、的はずれな発言や行動を引き起こします。特に、自己防衛がモットーのセキュリティを過信した軽率な行動は、個人、企業を問わずに、情報漏えいなどの甚大な被害を生むことになるのです。

相談者への過信がある

ＩＴ素人が抱く過信は、相談者にも及びます。少しでもＩＴに詳しいと思う相手が見つかれば、全知全能だと思い込み、ありとあらゆる相談をしてくる人や、曖昧な説明でも理解してくれるだろうと、うろ覚えのエラーメッセージを伝えてくる人などが大勢います。

彼らからすれば、相談者は病気を患ったときに駆け込む医療機関――それも、どの分野の症状でも診てもらえる総合病院です。

しかしながら、実態は個人が内科も外科もすべてを熟知しているはずもなく、医学辞典を片手に、なんとか専門外の分野に対応しているときだってあるのです。見当違いで気軽に押しかけられては、たまったものではありません。

ただ、こうした状況には、仕方のない事情もあります。本物の病院とは違い、自分の技能や得意分野を看板に掲げているのは主に技術者に限られ、その内容もＩＴ素人には理解しづらいものです。また、依頼者の身近に分野ごとの専門家が、軒を並べる環境も稀です。

結局のところ、数少ない頼れる相手の中から、過去の信頼と実績のある人が選ばれることになってしまうのです。

そして、いざ相談となれば、話の内容が不明瞭だったり、自分の専門外だったりしても、なんとか調べて解決してあげる人も多いでしょう。親切心からの特別対応のつもりでも、依頼者はそんな苦労など知る由もありません。

多少、大変だったという素振りを見せたところで、**「この人に頼ればなんとかなる」**と、過信が増長されるばかりです。

こうした、「相談者への過信」は、技量の評価以上に、依存心が根底にあります。よって、相手の実態を考慮せずに頼り切って疲弊させてしまうのです。

ひどいときには、「この人なら、このくらいの作業は簡単だろう」と、勝手に労力を見積もられることもあります。これが仕事の現場に持ち込まれると、業務という強制力を得た理不尽な要求へと変わります。

実際の作業者が不在のところで、納期やコストが軽んじられた、辛い案件が立ち上がってしまうのは、よくある話です。

ITへの不信がある

今度は過信とは逆に、「ITへの不信感」が引き起こす問題行動と、その背景についてです。

IT素人の中には、ITに対して「不安定」「危険」といった不信感を過度に抱き、トラブル時にまず機器やソフトウェアが原因だと疑ったり、使用自体を避けたりする人がいます。こうしたネガティブな印象は、先入観によるところが大きいものの、必ずしも間違った見解とは言えません。

パソコンが一般に普及し始めたころは、突然のフリーズや、OSの強制終了が日常茶飯事でした。それらを、一般ユーザーが原因究明することも防止することも難しく、ITは目に見えない裏方の都合で不具合が起きる代物なのだと、広く周知されることとなりました。

当時は、ITを便利に利用しているというよりは、負荷を与えて機嫌を損ねないように注意しながら、暴れ馬を駆っているような状態だったのです。

現在でも頻度は減少したものの、やはり、不具合に遭遇することはあります。ソフトウェアやサービスの品質担保を、各製造者が裁量で担う仕組み上、ＩＴと不具合とは切っても切れない関係なのです。

これに加え、日ごろのニュースが報じるように、セキュリティ関連の事故や事件が世界各地で起きています。それも、ウイルス対策ソフトで、自分のパソコン内にあるデータの保護だけに気を配っていればよかった時代に比べ、今は個人情報を預けてあるクラウドサービスからの情報流出など、ユーザーの管理が及ばない場所でのリスクが高まっています。

セキュリティの見地から言えば、現代において、信頼性が低いものを避けるという選択は、むしろ必要なことなのです。

このように、ＩＴは便利な一方で、不安定で危険な側面を持つという認識は正しいものです。

しかし、闇雲な不信感からの敬遠もまた、この時代に合わないものです。ＩＴはすでに、社会に深く根付いています。関わらないでいることは難しく、頑なに避けようとすれば、周囲との軋轢が生じてしまうのです。

相談者への不信がある

依頼者は必ずしも、信頼を寄せている人を頼るわけではありません。逆に不信感すら抱いている場合があります。カスタマーサポートの担当者に、製品に対する怒りをあらわにしている人などは、その典型です。

そうした相手とのやり取りが、円滑に進まないのは想像に難くありません。的確な助言なのに反論されたり、検証のための協力を断られたりと、問題解決に支障をきたすこともあります。周囲に悪い噂を流される風評被害にも要注意です。

冒頭の例では、顧客が抱く製品やメーカーに対する不信感を、サポート担当が一手に担う羽目になり、最初から信頼が損なわれています。

もちろん、実際のやり取りの中で不信感を抱かれることもあります。原因としては、依頼者の期待に沿えなかった、あるいは、応対の態度で気分を害してしまうこともあるでしょう。

これらは、日ごろから予防を心がけるべきことですが、依頼者がＩＴ素人の場合は、ハードルが否応なく高くなります。

というのも、彼らが抱く期待は前節で述べたような、ＩＴ、または相談者に対する過信が下地になっているのです。

難なく解決してくれるだろうという憶測で持ち込まれる案件は、その実、要領を得ない説明で状況把握が困難なトラブルや、業界の常識を欠いた無茶な要求であることが少なくありません。

これらを無下に断ることはもちろん、真摯に対応したつもりでも、彼らの期待と現実とのギャップに気がつかないまま物事を進めると、「期待と違う！」といったクレームが発生します。

期待が裏切られたときの憤りや失望は、時に、最初から依頼を断られるよりも、強い不信感へと繋がるのです。そして、こうしたやり取りの中では、相談される側もいらだちが募り、ついつい応対の態度がきつくなってしまいがちです。

それがまた、相手の不信感を招くという、負のスパイラルとなるのです。

ITの習得をあきらめている

今までITとの接点がなかった年配者に多いのが、「どうせ、自分にはわからない」という、ITへのあきらめです。

先入観でそう思い込んでしまう人もいれば、実際に体験した上で、挫折してしまった人もいます。

この考えに縛られると、わからないものに手を出さないという利用の控えや、他者への依存が起こります。利用の控えは「ITへの不信」でも触れましたが、こちらは、「危険なものは避ける」といった信念に基づく抵抗ではないので、必要時に、他者に頼って解決を試みることが少なくありません。

端から他人任せな態度で接してくることもあるので、腹立たしく感じる人もいるでしょうが、彼らからすれば、自分ができないことに無駄な時間を割くべきではないとの、**自分の中での合理性に基づいている**部分もあります。

ある意味で、ITは目的を達成するための手段に過ぎないことを、きちんと認識しているのかもしれません。免許がなくても、タクシーに乗れば好きな場所に行けるのと同じように、自分でＩＴを使えなくても、それを代行してくれる人がいれば、事足りるという考えなのです。

とはいえ、普段からタクシー代わりに利用されるのは、当事者からすれば、大きな負担です。中には、乗車拒否する人もいるでしょうが、それができない関係では、やむなく自分の仕事だと割り切ってしまう人も多いでしょう。

使い方を教えようにも、ただでさえ、未経験者にＩＴを教えるのは大変なところを、相手に学習意欲がなければ、暖簾に腕押し状態です。

ＩＴは他人に教えてもらう以上に、自分自身での知識習得が重要なので、そこが望めないと、上達は難しいのです。そのため、相談される側も、「この人には難しいだろう」、「苦労して教えるくらいなら、肩代わりした方がまだマシだ」と、依頼者の考えに共感してしまうのです。

これが結果として、彼らのあきらめを助長させている一因でもあります。

緊急時で余裕がない

　ＩＴ素人からの問い合わせが嫌がられる理由の1つは、しばしば、彼らの態度がとても大柄に感じられるからです。こちらの時間的都合を配慮せず、トラブルの原因説明も聞かず、とにかく早急な対応を要求されて気分が悪かったという苦労話を、よく耳にします。

　この問題の背景はいたって単純で、相手が緊急時で余裕がない状況に置かれているためです。特に、トラブルで業務が止まっているような状況では、「一刻も早く」という、鬼気迫った態度になってしまうのも、仕方がありません。

　中には、自分で解決できそうなことまで聞いてくるので、辟易する人もいるでしょうが、緊急時は迅速かつ確実に解決が見込める手段を取るのが正解なので、これも仕方がないことです。

　しかし、そのような事情を考慮しても、彼らが緊急に陥る頻度や原因については、悩ましい部分があります。

たとえば、端末の画面に見慣れない通知が表示されただけでも、ＩＴ素人はどうしたらいいかわからずに、緊急を要請してくることがあります。その間は作業ができないので、彼らにとっては紛れもなく緊急なのですが、急かされて対応させられる側との間には、当然ながら温度差が生じます。

逆に、重要情報を気に留めなかったために、緊急事態となってしまうケースもあります。前述の通知の例で言えば、使用しているソフトウェアの有償ライセンスの更新時期を知らせるものだったのに、よく読まず（あるいは、理解できず）に閉じてしまい、期限切れで使用不能になってから、あわてて助けを求めてくるのです。

このように、世間一般には取るに足らない出来事が緊急扱いとなり、他方で、世間一般が行っているトラブルへの予防、対策ができずに、緊急の案件へと発展させてしまうのです。

そこが、せっかちで余裕がないという印象を抱かせてしまう、ＩＴ素人の問題点であり、頻繁な緊急要請を発生させている原因でもあります。

従来の覚え方が通用しない

ＩＴ関連の機器は、従来の覚え方が通用せずに、初心者がつまずいてしまう要素が多々あります。

たとえば、一般的な家電であれば、同封のマニュアルにすべての機能の操作方法が書かれていて、これが教科書となります。ところが、パソコンやスマホの場合は、インターネットの仕組みやソフトウェアの操作方法を、一から丁寧に説明してくれる、万能のマニュアルは付属しません。一からの初心者の状態で購入しても問題がない機器とは違い、これらは自動車と同じで、ある程度の前提知識を持っているユーザー向けなのです。

そのため、別途で前提知識の習得が必要となりますが、ここが問題です。

入門書の購入を検討しようにも、初心者が自分の状況に適したＩＴ教材を見つけるのは、簡単ではありません。手元の環境や、そもそも自分が何を勉強したらよいのかもわからないのです。

こうして、彼らは他人に頼らざるを得ない状況へと追い込まれます。真面目な人は、その過程でメモを取り、自前の手順書を作成しようとします。しかし、フリックなどの未知の操作や、矢印の絵だけで「戻る」を表現するようなデザインを文章で残しても、いざ読み返すと理解できません。

さらには、システムの通知や広告が割り込んできたり、操作画面がリニューアルされたりと、手順どおりにならない不測の事態までもが発生します。

故障でもない限りは、いつも同じ操作で目的を果たせる家電とは違い、ＩＴ機器は、システムやサービス提供側の都合で生じる処理や変化にも、臨機応変に対応しなければならないのです。

事情を知らなければ、故障や不具合と勘違いしてしまうのも無理はありません（不具合も日常茶飯事という事実を、受け入れがたい人もいることでしょう）。

このように、手順を機械的に記憶するだけでは済まないところが、従来の覚え方が通用しない最たる要因といえます。

ＩＴを習得するには、**試行錯誤も交えて実際に使いながら、その時々で起こる不測の事態への対処も込みで、慣れていく必要がある**のです。

視野が狭い

ＩＴ素人が質問をしてくるときに、「いつもの画面が出てこない」など、本人以外では知る由もない、不明瞭な情報で訴えることがあります。

理由の１つは、「理解してくれるだろう」という「相談者への過信」によるものですが、もう１つは、彼らの**「視野が狭い」**ことに起因します。

どういうことかというと、ＰＣやスマホでメールしか使わない人は、端末を起動させたら、立て続けにメール画面を開く以外の選択肢がないのです。

それなら、自分の状況を察してくれることを期待しての説明不足だと思うかもしれませんが、ＩＴ素人にいたっては、みんなが最初にメール画面を起動するものだと考えている人もいるのです。

なぜ、そんな勘違いをするのかというと、自分が教えられた操作手順（メール画面を開く）しか頭に入っておらず、ブラウザでネットをするなどの選択肢が、あるとは思っていないのです（ぼんやり知っていても、実感がない）。

これこそが、視野の狭さです。

視野が狭くなってしまう人は、まず、前節でも書いたような、マニュアル厳守で目的の操作を達成しようとする考えを持っています。

そして、もう1つ。必要に迫られて、ＩＴ機器を使うことになった人です。

わかりやすい例が、ガラケーからスマホへの乗り換えです。メーカーの生産ラインの縮小により、従来どおり、電話とメールしか使う用途がないのに、スマホに機種変したという人も大勢います。もちろん、「せっかく変えたのだから」と、各機能を積極的に使うようになった人もいますが、当初の想像どおり、それらにまったく食指が動かず、最初に教えてもらった手順でメールしか見ないという人も、一定数いるのです。その時点ですでに、ＩＴ素人の兆候があることは、言わずもがなです。

このような経緯で、彼らの視野は狭くなってしまいますが、相対的に、彼らから頼られるような人の視野は、かなり広がっています。

何の情報もなく、「いつもの画面」と言われても、自分を基準に置いて考えたら、無数の選択肢が出現してしまうのです。噛み合うはずもありません。

ネットの情報を入手できない

ダブルクリックができないといった、不器用から引き起こされる問題もありますが、同じオンチでも運動オンチとは違い、ＩＴ素人の根底にあるのは、やはり**知識不足**です。彼らもそのことを自覚していますが、必要な知識は長年の経験によって蓄積されたものだと考えがちです。確かに、それもあります。

しかし、ＩＴ業界の膨大な情報の海の中で、人が得られる知識の量は、たかだか知れています。さらに、それらの情報は日々更新されています。情報が更新されるのは環境が変わるからであり、従来の方法では通用しなくなってしまうということです。

これは、機器やソフトウェアの取り扱いだけに限りません。空いているホテルや、欲しい商品の最安値こそ、古い知識では役に立ちません。最新の情報に触れることで、知識を更新したり、新規に獲得したりすることが必須なのです。

そして、現代はそうした情報入手には、ネットを利用する必要があります。

つまり、ここで問題にしている知識不足とは、**ネットで最新の情報を得るための知**

識がないということで、ひいては、その有無がＩＴ素人になってしまうかどうかの境目なのです。

これは、決して大げさな話ではありません。現に、私たちも、持ち合わせの知識でわからない質問の解決には、ネット検索をフル活用しています。

「ネットが使えないなら、本を読めばいい」『知っている人に聞けばいい』

そう考える人もいるでしょうが、ネット以外で情報を得るにあたり、その下調べもネットの情報に頼るのが現代人です。そして、「人に聞けばいい」という発想は、まさにＩＴ素人のそれと同じです。

なにより、今やネットで情報収集をする理由は、早くて便利だからという以前に、ネットでしか入手できない情報があるためです。

あまり好きな言葉ではありませんが、ネットで情報を仕入れない人間が、情弱（情報弱者）と揶揄される所以は、ここにあります。

以上のことから、ネット検索が使えない状況では、誰もがＩＴ素人化してしまう可能性があるのです。

IT まとめ

いかがでしたでしょうか。第1章のような事例が発生してしまう原因を、ＩＴ素人を取り巻く、さまざまな事情と時代背景から紐解いてみました。

特に、最後の説では、ＩＴ素人化の原因について、「ネットの情報を入手できないから」とする見解をご紹介しました。

彼らの迷惑行為の多くは、どこかで触れる機会があった断片的な情報や、自分自身の想像による、先入観が発端となっています。その真偽の判定と矯正には、実態を知ることが大切で、調査のサポートにネットの情報は欠かせません。

もっと直接的な話をすれば、不明点を自分で調べて解決できるスキルさえ身に付ければ、彼らは、私たちと何ら変わりはない立ち位置になるのです。

目指すべきゴール自体は、意外と単純明快なのかもしれません。いかにして、そこに導くかも、理論武装をする上で検討すべきことです。

第3章 視点が変わるとストレスは減る

あなたのその欲求がストレスに変わる

前章で、ＩＴ素人の問題点とその背景が明かされたことで、すでに効果的な理論武装について、考え始めている人もいるかもしれません。

しかし、ここで今一度、皆さんの内面に焦点を当ててみましょう。

たとえば、あなたは、ＩＴ素人をサポートしているときに、どんなことを望んでいますか？　私たちは、人との関わり合いで、相手に対して少なからず、「こうあってほしい」という**「欲求」**を持ち合わせているものです。

しかし、その「欲求」こそが、ストレスに変わっているのかもしれません。ストレスは、自分の理想どおりに物事が運ばないときにこそ強く感じるからです。それが、いわゆる、**「フラストレーション（欲求不満）」**と呼ばれるものです。

皆さんの抱えている、ストレスの背景には、どのような欲求が隠れているのでしょうか？　理想と、その隔たり（ギャップ）となる現実も、一緒に考えてみましょう。

早く終わらせたい

多忙で時間をあまり取られたくない人は、要点だけを迅速かつ正確に伝えてもらうことを望んでいます。

◆（しかし、現実は……）

要領を得ない説明を長々とされ、それを聞いているだけで、貴重な時間があっという間に過ぎ去ってしまいます。

学習してほしい

トラブルの原因や手順の意味まで、熱心に説明する人は、聞かれたことだけではなく、似た事例にも対応できる応用力も身に付けてほしいと考えています。

◆（しかし、現実は……）

相手は、「そんな余計な説明はいい」と言わんばかりの態度で、応用どころか基本すらも理解してもらえません。

苦労をわかってほしい

専門外の分野をサポートしている人や、相手に合わせてＩＴの利用を制限されている人は、自分の苦労や不便さを、わかってほしいという思いがあります。

◆**（しかし、現実は……）**

当人は、周囲が苦労していることに、あまり気がついていません。自覚がないので、今後も変わらず苦労をかけ続けてしまいます。

感謝されたい

相手から、「助かりました。ありがとう」と感謝してもらえれば、やりがいが生まれ、苦労も報われた気持ちになることでしょう。

◆**（しかし、現実は……）**

相手の機嫌が悪いときは、感謝どころか、嫌味を言われたり理不尽に叱責されたりすることもあります。

評価されたい

ついつい、「できる自分」をアピールしたくなる人もいます。業務上の信頼獲得のため、そう振る舞わざるを得ないこともあるのです。

◆（しかし、現実は……）

期待を抱かせすぎると、なんでも簡単に対応できる万能の人だと思われてしまい、無理難題や、過度の依存を招いてしまいます。

新しいことを学びたい

サポートの中で、自分の知らなかったことを知る機会に恵まれれば、教養が増えたことに喜びを感じることができます。

◆（しかし、現実は……）

初歩的な質問が多く、一度、教えたことでも何度も聞かれます。新しい学びも、対応を急かされているときには、迅速な解決への障害です。

助けになりたい

困っている相手の相談にのってあげる人は、相手の助けになってあげたいという気持ちを持っているのです。

◆(しかし、現実は……)

自分の負担が大きすぎて、モチベーションは下がる一方。常連の人からの声がかかると、「またか……」と、ため息が出ます。

このように、IT素人との関わりにおいて、皆さんの抱いた「欲求」は、なかなか満たされず、「欲求不満」によるストレス製造工場となっています。それを踏まえた上で、本章の以降の節は、前述のような「欲求不満」への対応を含め、**視点を変える**ことによって、ストレスを軽減させる方法をご紹介していきたいと思います。

人間関係でのストレスは、相手の問題にばかり目が向いてしまいがちですが、自分をコントロールすることも、有効な対策なのです。その上で、変えるべきものを、「考え」ではなく、「視点」と表現したのは、無理なくそれを実行してもらうことを目指しているからです。

簡単に、「考えを変えなさい」と、言う人がいますが、最初からそれ単体を目指すのは、とても難しいことです。――面倒なものは面倒だし、頭にくるものは頭にくる。これらは、外的刺激に反応した感情から由来するものであり、ただ「変えろ」と言われたら、「感情を変えろ」と言われているのと同じです。

「面倒じゃない。頭にこない。面倒じゃない。頭にこない……」と、独り言を繰り返す人たちを生み出すのは、著者の本意ではありません。

そして、「感情に正直でありたい」という思いもまた、1つの欲求だととらえると、どうでしょう？　その時点で、「欲求不満」が生まれると思いませんか？

だからこそ、まずは視点を変えてみましょう。その結果、自然と考えが変われば、それが一番簡単で無理のない方法です。なので、もし仮に考えが変わらなかったとしても、それで構いません。

目標は「視点」で「考え」はその結果です。できる範囲でやってみましょう。

自分の欲求を計画的に満たす

まずは、「欲求」への視点を変えることで、ストレスを減らしてみましょう。

サポート時に、「こうあってほしい」という「欲求」が、うまく満たされず、「欲求不満」でストレスに変わっているというのが、前節の内容です。

ここでいう欲求は、詳しくは**「二次的欲求」**、別名で**「心理的欲求」**とも呼ばれるものです。

二次的と付くからには、**「一時的欲求」**も存在します。「一時的欲求」は別名で**「生理的欲求」**とも呼ばれ、人間の生命維持活動に繋がる、食欲や睡眠欲といったものが該当します。そのため、優先度が高く、満たされない状況が続くことは許されません。

それに対して、「二次的欲求」は、「感謝されたい」、「助けになりたい」といった、人や社会との関わりの中で芽生える「欲求」などが該当します。

乱暴な言い方をすれば、「満たされなくても生きていける」ので、私たちは、これらを我慢することができます。それも、ただ耐えるだけではなく、理由を付けて上手にあきらめたり、代替のもので補償したりと、人間には満たされない「欲求」を、できるだけストレスに変えないように処理する能力も備わっているのです。

しかし、本節では、これらの**「欲求」を計画的に満たす**方法を検討します。

そうするのが根幹的な解決であり、サポートの向上にも繋がるからです。

❶満たしたい欲求のリストアップ
❷優先して満たすべき欲求は何か
❸どこを達成ラインとするか
❹相手の都合と折り合いは付くか

まずは、満たしたい欲求を、リストアップしてみましょう。

それには、自分の欲求を自覚するところからです。60ページでご紹介した欲求のサンプルの中から共感するものを探したり、過去に自分が対応した事例を振り返って、当時、どんなことを考えていたのか思い出したりするとよいでしょう。

嫌な気分を味わった記憶からこそ、「こうしてほしかった」という欲求が溢れ出ているはずです。

次に、優先すべき欲求を考えましょう。そうしないと、「早く、切り上げたい」けれど、じっくり説明して「学習してほしい」など、自分の欲求同士が反発しあい、葛藤が生まれます。その時々によって違うのであれば、状況に応じた複数パターンを用意してみましょう。

優先順位が決まったら、今度は、「達成ライン」を定めましょう。どこまでできれば達成か、基準を決めておくことで、成果を納得しやすくなります。「○分以内に解決する」や、「△△について説明する」といった、明確に結果がわかるものが望ましいです。

このとき、最初は、できるだけ「達成できそうな条件」にすることをおすすめします。ご存知のとおり、相手次第なところもあるので、あまり高難易度にしてしまうと、達成できずに逆にストレスが溜まってしまうからです。

そのため、相手の都合との折り合いも重要です。プライベートの付き合いなら「忙しいから手短に」と言えますが、サポート業務などの場合は、そうはいきません。自分の欲求を優先するあまり、コミュニケーションを破綻させたら本末転倒です。

逆に相手の都合と一致していれば、「○時には終わらせましょう」といった具合に、**目標を共有**することもできるので、とても理想的です。

さすがに、「私を有能であると評価してください」などとは言いにくいので、ケースは限られますが。

以上のように、自分の「欲求」を目標に落とし込むと、計画的に満たすことができるようになります。

途中でも触れましたが、目標は、忙しいとき用、常連用、一見さん用など、いくつかバリエーションを用意しておくと、さらに使い勝手が良くなり、個人単位で作り込めばケースワークのような役割も果たします。

そして、この方法は欲求不満対策以外にも、普段は嫌々ながら行いがちな対応の中に、「自分のため」という前向きさを見出すことにも繋がるのです。

事情を知れば寛容になれる

よく、ストレスを抱えないコツとして、物事に対して寛容さを持つことがすすめられます。

こと人間関係における寛容さについては、相手の不快な部分を受け入れ、許すことができる懐の深さをイメージする人も多いでしょう。巷には、仏のなにがしなどと呼ばれる聖人君子のような人物もいます。こうした寛容さは、生まれつきの性格に由来するものか、自己啓発やメンタルトレーニングの成果だと思われがちです。

しかし、実際はそこまで難しく考える必要はありません。簡単に実践できる方法としては、**相手の事情を知る**ことです。たとえば、待ち合わせしている相手が遅刻をしたら腹が立ちますが、電車が遅れたという情報を知っていれば、「仕方ない」と感じて怒りがやわらぎます。

これは、「相手の立場に立って考えよう」という道徳的な観念に似ていますが、不確かなことを想像力で補い、しかも、自分にストレスを与えてくる相手を擁護するのは、なかなか難しいものです。まさに、メンタルトレーニングが必要となります。対して、実際の事情を知っていれば、わざわざ、こうした手間を自分に課す必要がないのです。

ＩＴ素人との人間関係も、例外ではありません。第2章で彼らの抱える問題の背景を紐解いたのは、有効な理論武装を考えるためだけではなく、あなたが感じるストレスを緩和させる意味もあったのです。

他人に迷惑をかけてしまいがちな、彼らの事情を知ったとき、あなたはどう感じたでしょうか？　過去に、イライラしながら対応した案件とともに、もう一度、思い返してみましょう。少しでも「仕方がなかったのかな」と思えたのなら、あなたはその分、すでに寛容さが身に付いているのです。

無理なく、そう思える範囲で構いません。その感覚で本番に臨めれば、ストレスが緩和されるだけではなく、相手への対応も、自然とより親身なものになることでしょう。

非合理的な考えに気づく

第2章では、ＩＴ素人の問題行動の背景に、「過信」や「不信」といった、誤った思い込みがあるとお伝えしましたが、私たちも、同じような思い込みにとらわれていることがあります。

たとえば、「こうあってほしい」という、私たちの「欲求」の中には、社会的、常識的な観念に影響された、**「こうあるべきだ」**という、**「要求」**が紛れ込んでいるかもしれません。「感謝されたい」という「欲求」以上に、「（常識的に考えて）感謝するべき」という思い込みが、相手にそう振る舞うことを「要求」してしまうのです。

こうした「要求」は、主張が強いので、叶わないと不満やいらだちをわかりやすい形で感じてしまいます。**負担となるこだわりは、捨てるに限ります。**

特に、「覚えるべきだ」ではなく、「メモを取るべきだ」のように、微妙に目的が屈折していると、「自分からは、資料は絶対に提供してあげない」などの、**「非合理的な考え」**が生まれてしまうこともあります。

この、サポートにおいて両者の得にならない「非合理的な考え」は、「欲求」を安易な形で満たそうとすべく、現れることもあります。

たとえば、「評価されたい」という「欲求」を満たす上での正攻法は、相手の依頼に適切に対応し、解決することです。ところが、これを「非合理的な考え」で満たそうとすると、相手の知らない専門用語を多用し、自分はその道のプロだとアピールしてしまうのです。

同様に、「苦労をわかってほしい」という「欲求」を満たすには、客観的に見て理解できる工数を提示して、理解を求めるべきです。しかし、「非合理的な考え」からは、これ見よがしにため息を吐くといった、「察しろ」と言わんばかりの振る舞いが発生します。

これらは、「欲求」を満たす上で効果的でないことは言うまでもなく、相手との信頼関係を損ねるきっかけにもなりかねません。

前半の「要求」も含め、「非合理的な考え」に行動を支配されないためのコツはシンプルで、**「お互いに得していないのでは?」**という視点を持つことです。

安易な行動を防ぐには、「欲求」を計画的に満たすのも有効です。

不公平感を解消する

少しでもＩＴに詳しいという話が広まると、仕事でもプライベートでも、なにかにつけて、ＩＴ素人から頼りにされてしまいます。そのうちに、「自分ばかりが損をしている」と、卑屈に感じてしまう人も少なくないでしょう。

本節では、ストレスへと直結する、こうした**「不公平感」**を、視点を変えることで取り除けるか試してみましょう。

最初に目を向けるべきは、**「本当に不公平か」**という点です。いろいろと押し付けられているのだから、「不公平に決まっている」と、即決する人も多いでしょうが、これを考えるときは、広い視野で見る必要があります。

たとえば、仲間と食事に行くときに、ネット検索が得意だからといつも自分が店を探すように頼まれ、「不公平感」を感じていたとします。しかし、車の運転を別の仲間がしているのであれば、その人も、他の役割で労力を割いているということになるのです。

つまり、ＩＴ分野の雑務を一任されていても、その枠組み以外のところでは、役割分担や「持ちつ持たれつ」の関係かもしれないのです。

まずは、そこに気づくことができると、「不公平感」は解消されます。もし、あまりにも釣り合いが取れていないと感じたら、「代わりにお願いしていい？」と、アクションしてみましょう。「代わりに」と言うのがコツです。

続いては、任された作業の中に、**「自分の得になる要素」**を探す方法です。前述の食事の例なら、店を探すときに、一緒にクーポンを見つければ、料金を安くすることができます。予約が必要な場合は、自分のクレジットカードで全員分を建て替えて、ポイント稼ぐ方法もあります。

もちろん、金銭関係に限った話ではありませんが、こうした得になる要素を見つけると、逆に、率先して自分から作業を請け負いたくすらなります。

最後は、少し敷居が高いですが、**「ボランティア目線」**への切り替えです。「欲求」の中にもある、「人を助けたい」という気持ちに従い動くことで、そもそも「不公平感」が入り込む余地をなくしてしまうのです。

コツは、奉仕精神とともに、自分自身の成長にも目を向けることです。

IT まとめ

この章では、ストレスを軽減させるために、「視点」を変えることを強調してきました。最初から「考え」を変えるのは難しいため、「視点」を変えることによって、無理なく「考え」が変わることを目指すという理由からです。

これには、もう1つの理由があり、「視点」を変えることで見ていただきたかったものの中には、あなた自身の内面も含まれています。相手がどんな背景からその行動を取るのかを知るとともに、対する自分も、どうしてそれがストレスになるのかを理解するのは重要なことです。

自分の内面を知るのは、ストレス対策だけに留まりません。あなたが、彼らとの関わりの中で、**どのようにありたいか**という理想にも繋がるのです。

余裕がない日常の中で割いた時間を苦行にしてしまったり、ただやり過ごすだけだったりというのは、もったいないことです。ストレス対策から発展し、両者にとって何か意義のあるものを見つけることができれば、本当の意味で幸せではないでしょうか。

第4章 効果的な理論武装のために

言葉だけですべて解決？

相手の問題、そして、自分自身の問題についても知ったことで、前半の「問題の整理」も、いよいよ大詰めとなりました。

最後は、後半の実践編に向けて、「理論」を効果的に使うためのポイントや、その手助けとなる体制作りについてご紹介したいと思います。

それにあたって、実は、皆さんの中には、「言葉のやり取りだけで、ＩＴ素人との関係が、全部うまくいくのだろうか？」と、ここまで読みながらも、若干疑っている人がいるかもしれません。

それは、まさしくもってそのとおりなのです。むしろ、そうした疑問を持っていただくことも、本章でお伝えしたい、問題解決と、効果的な「理論武装」を理解するための、重要なテーマです。

答えを言ってしまうと、それはイエスでもあり、ノーでもあります。哲学や謎かけではなく、あなたが何をもって解決とするかにより、必要となるものが違ってくるのです。

もし、どんな依頼も断固として断るという信念のもとで理論武装するのなら、「す、すいません……、実は、先ほどより体調が悪かったのですが、もう耐えられない状態なので、病院に行かせてください……」と、迫真の演技で訴えれば、余程の相手でなければ、脱出は可能です。ここで止めてくる相手は、さすがに、ＩＴ素人の迷惑行為を逸脱した性格か、あるいは、あなたの演技を見破ったのでしょう。

対して、相手の抱えている問題の解決のために、理論武装するのなら、相手に理解しやすい言い回しを考えるだけではなく、その下地となる情報の下調べや、補助となる資料の準備なども行う必要があります。

言うまでもなく、手間も難易度も、後者の方が段違いです。しかし、おそらく皆さんが求めている理論武装は、こちらでしょう。それは、人間関係としてのＩＴ素人の問題を、きちんと解決したいという、意志の表れです。

もちろん、ここから先は、それを想定した内容を記載しています。理論武装が担う役割とは何なのかも、一緒に感じ取っていただければと思います。

相手が理解し納得してこそ

「理論武装」という言葉について、皆さんは知っていて、どういったものなのかもイメージできていると思います。その名のとおり、「理論」を「武装」のように身にまとって、相手からの批判や口撃に対処する技術です。本書のまえがきでは、まさに盾や鎧という表現でお伝えしました。

では、「理論武装」の頭に付く、「理論」については、どうでしょう？　これも、辞典にあるようなしっかりとした説明はできなくても、おおよそは的を射た認識を持っていると自負する人が多いと思います。

もともと言葉は、しっかりと学ぶより、実際に使われている場面に遭遇して、ニュアンスで感じ取って覚えるのが大半です。「理論武装」のように、それを含んだ他の用語を知ることで、解釈が捗ることもあります。

ところが、1つ落とし穴があります。「理論」と名の付くものの中には、アインシュタインの「相対性理論」のような、難解な学説や論述も存在します。言葉はいくつかの意味を持っており、「理論」について『広辞苑』では、「ある問題についての特定の学者の見解・学説」という意味合いも書かれています。「○○理論」の用法は、その流れを汲んだものです。

これらは、その道の専門家の間でのみ話が通じるような難解な用語が用いられ、内容を理解する上でも、受け手側に相応の知識が必要です。

このイメージで「理論」をとらえてしまうと、理解できないことを、受け手の責任にしてしまいがちです。もっと解釈を誤ると、あえて難しい表現を使って、けむに巻くことで、「黙らせれば勝ち」との、論戦の思考に陥るかもしれません。

しかし、ＩＴ素人への「理論武装」で使う「理論」は、自己防衛とともに、**相手の問題解決**を目的としています。いくら筋が通っていても、相手が理解し納得してくれなければ意味がないのです。時には、難しい用語をわかりやすい言葉に置き換えるなど、相手の目線に合わせることが必要です。

私たちも、ここで目標とする「理論」を、認識しておきましょう。**「ＩＴ関連の問題解決のため、相手にわかりやすく、筋道立てて説明することができる知識や考え」**といったところです。

たとえ話を活用する

わかりやすく説明する上で、おすすめしたいのが、相手の知っているものにたとえる方法です。本書内でも、ことあるごとに「たとえば」を使用しています。

これには、2つの大きなメリットがあります。1つは、説明をすぐに理解してもらえることです。うまいたとえなら、一度でわかります。

そして、もう1つ、説明の量を減らすことができるのです。本来は5まで説明が必要でも、似たような仕組みのものにたとえれば、あなたが1説明しただけで、相手が勝手に4まで補完してくれるのです。1つ例を挙げてみましょう。

「IPアドレスって何?」

インターネットを使うときに必要な、電話番号みたいなものだよ。大きくは2種類あって、「グローバルIP」っていうのが、普通の電話番号。「プライベートIP」っていうのが、内線番号みたいなものだよ。

いかがでしょうか。「ＩＰ」がどんな役割を果たしているかを直接は説明していませんが、電話番号にたとえることで、相手は次のように補完してくれます。

- **ネットに接続する機器は、「ＩＰ」が割り振られているのだろう**
- **ネットは、相手の「ＩＰ」を指定して接続を行っているのだろう**
- **「グローバルＩＰ」は、重複しないのだろう**
- **家や会社内の機器同士は「プライベートＩＰ」で通信するのだろう**

ただし、注意点もあります。たとえたものにしか該当しないようなことまで、補完してしまうことがあるのです。前述の例では、「グローバルＩＰ」は、地域ごとに割り振られ、局番があると勘違いするかもしれません。「ＩＰ」が、可変であるとも思わないでしょう。

差し障りのないことであれば問題ありませんが、誤解したままでは支障が起きそうなものは、きちんと説明しておくのが、後のトラブル回避に繋がります。

こうした、たとえたものとの相違点の説明や補足を、残りの１と考えましょう。

その場で説明する必要はない

討論では、相手からの質問にその場で迅速に答えられる人が、頭の回転が速い優秀な人というイメージがあります。

サポートや商談の場においても、速さは求められます。それも相手の側から、「今すぐ」「急いで」「この場で」と、苛烈に要求されることもあります。

しかしながら、サポートや商談の場では、**「速さよりも正確さ」**が大事です。相手は、わざわざ言いませんが、こちらを急かす言葉には、「(正確に)」という前提条件が隠れているのです。それが当然だと思っているので、伝える必要がないと思っているか、または意識すらしていません。

急かされた結果、よく確認せずに間違った情報を伝えてしまうと、サポートでは「嘘を教えられた」と、信用問題に発展して目も当てられません。

商談の場でも、応答の速さは案件の受注にも関わるので、「速さが第一」という意見もありますが、要望を社内に確認も取らずに、「できます」と言うのは、駄目だったときに社外だけではなく、社内からも叩かれてしまいます。

もちろん、速くて正確なのが最良ですが、慣れないと両者は、「あちらを立てればこちらが立たず」の、「トレードオフ」の関係となります。

正確さに自信がないときは、**確認後に再度、連絡する**方向で調整しましょう。詳しくは章内で後述しますが、正確な対応のメリットと、速さ優先のデメリットを説明すると、相手からの理解を得やすくなります。これは、伝えるべき内容が「理論」を活用した説明でも同じことです。

相手にとって、わかりやすい説明や資料が用意できないときは、準備のための時間をもらいましょう。うまく説明ができないのに頑張っても、お互いに時間を浪費するだけです。そのため、理論立った説明を、「その場で思いつけるだろうか?」と、不安な人も、心配無用なのです。

また、すぐに説明できるとしても、タイミングには気を配りましょう。

トラブル対応の場合、解決方法がわかっているなら先に対応し、**説明は後回し**にするべきです。相手が急いでいるときに長々と説明をすると、間違いなく反感を買うので注意しましょう。

自分で説明する必要はない

その場ではわからない質問を受けたら、ネットや書籍で調べてから、相手に口頭で説明している人も多いでしょう。

このとき、参考にした資料がわかりやすいものなら、まとめサイトにしろ、解説動画にしろ、それをそのまま、教材として見てもらう方法もあります。

むしろ、調べなくても教えられる場合でも、質の高い資料は積極的に活用するべきです。**説明は必ずしも自分で行う必要はありません。**こちらとしては、資料を準備する手間や時間の削減が大きいですが、他にも、次のようなメリットがあるからです。

- わかりやすい教材で理解が捗る
- 情報に信頼性を持ってもらえる
- ネットの情報を参考にする手法を知ってもらえる

特に、「情報に信頼性を持ってもらえる」ことと、「ネットの情報を参考にする手法を知ってもらえる」ことは、副次的なメリットですが、とても重要です。

前者は、信頼関係が薄い状態では、対応内容に疑いを持たれていることもあるので、その保証となります。後者は、IT素人の特徴である、「ネットの情報を入手できない」という状況を脱するにあたり、一般的な情報活用方法を知ってもらうことができます。

自分で教材を用意しないのは、「手抜きと思われるのでは?」と心配する人もいますが、資料を提示しながら要所の解説をする方が、よりわかりやすいので、逆に印象は良くなるはずです。

注意点として、**その情報が本当に正しいのかを確認**しておきましょう。自分の環境で試すか、いくつか他の検索結果と照らし合わせるとよいでしょう。また、これが会社のサポート業務だった場合、規則上禁止されている行為かもしれませんので、その確認を取っておく必要があります。

掲載物を業務マニュアルなどにそのまま転載したら、著作権問題に発展する可能性も念頭に置いてください。

求められている説明をする

第3章では、私たちも、時に「非合理的な考え」にとらわれてしまう事例を紹介しました。その見分け方としては、「お互いに得していないのでは?」という視点が判断基準となります。

しかし、「相手のためだ」と、この網をすり抜けた価値観の押し付けが発生することもあります。中でも、意味もわからずに操作手順だけを覚える人に対しては、基礎の仕組みを理解させたいと感じる人は多いでしょう。それによって、臨機応変な対応が可能になり、ひいては問い合わせも減ると思えば、そうしたくもなります。

とはいえ、**「IT」は学問である前に、「道具(ツール)」です。**まずは、相手のやりたいことを実現するための、**求められている説明**をしましょう。

時に、スマホでやってみたいことがあるものの、「ストア」から「アプリ」を「ダウンロード」するといった、各用語の意味さえわかっていない人には、どこから説明するべきでしょうか?

もし、相手に学習意欲があり、早くいろいろな機能を使ってみたいと思っているのなら、アプリの仕組みや、ストアでのダウンロード方法など、基礎にあたる部分を説明してもよいと思います。

しかし、そうでない場合は、相手の要望に沿ったアプリをインストールまで済ませ、その使い方のみを説明するのが合理的です。基礎を理解しないまま使うことに、ももやもやする人もいるでしょうが、私たちだって、普段使っているシステムの仕組みを、すべて把握してはいません。程度こそあれ同じなのです。

省いた説明は、アップデート通知が来たときや、アプリを誤って消してしまったときに役立つ知識かもしれませんが、相手からしたら説明が増えても覚えきれないし、興味の外にある情報は頭に入らないものです。

後日、「せっかく教えたのに！」とイライラするより、その時々で、相手が必要とする情報を的確に教えるように割り切った方が、精神的にもよいでしょう。

相手が求めていることと、それを実現するための必要最低限は何かを考えるようにしましょう。

目で見て理解してもらう

ＩＴ素人の口頭説明だけを頼りに、状況を把握するのは大変な苦労ですが、それは相手側からも言えることです。

たとえば、彼らはボタン名などを知らないため、「まず、スタートボタンを」と説明されても、すでに何のことかわかりません。

コールサポートの担当者は、口頭でのやり取りに慣れているので、最初から、「まず、画面左下にある…」と誘導しますが、電話対応でなければ操作方法を見てもらった方が、断然理解してもらえます。

86ページで紹介した、ネットの資料も活用しましょう。

- まとめブログサイトの活用
- 動画サイトの活用
- 自作のマニュアル
- 自分が操作を実演する

一般的には、画面のスクリーンショットに、文章で説明を添えてくれている、ブログサイトが活用されます。親切なものは、操作する箇所を赤丸などで強調してくれているものもあり、紙で印刷できるという利便性もあります。

続いて、意外と穴場なのが、YouTubeに上がっている操作説明の動画です。こちらは、マウスカーソルの動きや、フリックの指使いなど、すべてを見ることができるので、初心者にはブログサイト以上にわかりやすい教材となります。ただ、事例の数が少ないのと、印刷できないという短所も存在します。

資料がネットで見つからなかった場合は、マニュアルを自作して提示する方法もあります。企業では、発生頻度の高い作業です。

そして、最後は操作の実演です。こちらは資料の有無にかかわらず、最終的に実施するのが望ましいでしょう。前述までのような理解の促進のためだけではなく、こちらがレクチャする方法によって、**問題が解決することを確認してもらう作業**でもあるからです。

サポートでは、『百聞は一見にしかず』という、古くからある言葉を忘れないようにしましょう。

相手のメリット、デメリットを強調する

いかに筋の通った説明であっても、自分の都合を一方的に主張したのでは、相手から反感を買ってしまいます。たとえば、スマホを持っていないので、通話アプリで連絡できない相手に、次のように言ったら、きっと気分を害してしまうでしょう。

「あなただけ、いちいちメールで連絡するのは不便だから、スマホに変えてよ」

こんなときは、自分よりも、相手にとってのメリットやデメリットを強調して誘導する方法があります。

《相手のメリットを強調》

「スマホの通話アプリを使えば、電話もメールも無料で使えて便利だよ」

《相手のデメリットを強調》

「今はみんな、メールじゃなくて通話アプリを使うようになったから、使えないと親しい人と疎遠になってしまうかも」

このように、自分から相手へと論点を移すことで、相手は自分の損得を判断材料とするようになります。

メリットとデメリットの、どちらを使用するべきかは、場面にもよりますが、著者としてはできるだけメリットを強調したいと思っています。なぜなら、デメリットからの行動だと「仕方なく」という、後ろ向きな感情になり、ストレスを与えてしまうからです。

もちろん、セキュリティ対策などは「ウイルスに感染する」など、きちんとデメリットを強調する必要があるので、頑なにメリットだけにこだわる必要はありません。

設定でトラブルを事前回避する

ＩＴ機器には、初心者が苦手な操作や、ミスを誘発する機能など、いわゆる鬼門となるものがいくつか存在します。関連の問い合わせが来るたびに、「またか」と内心でうんざりし、早くこれらに慣れてほしいと願う人も多いでしょう。

しかし、業務改善の見地からは、作業の遅滞に繋がる要素は、やりやすい方法へと改善し、ミスを誘発する要素は、「気を付けよう」ではなく、それ自体を取り除くのが最善です。

ＩＴ機器もこれにならって、次の例のように、設定を変更することで、トラブルの事前回避を検討してみましょう。

- マウスのダブルクリックが苦手　↓　シングルクリックで開くように変更する
- NumLockなどの入力文字の変更キーを誤って押してしまう
  ↓　キーを無効化する。該当のキーを取り外しておく
- スマホのタップが長押しになる　↓　長押しの判定時間を長めに変更する

- スマホのアプリを誤って削除してしまう　→　削除できないように変更する
- パスワードを忘れてしまう　→　パスワード管理機能を導入する

ただし、サポート業務での実施にあたっては、注意が必要です。システムの設定変更は、変更箇所がきちんと相手に認知されていないと、それ自体が不具合と間違われることがあります。まさに、NumLockキーなどを誤って押してしまったときと同じ状況です。

よって、事前承諾は当然のこと、実施内容や変更日をドキュメントなどに残しておかないと、後でトラブルに発展することもあります。また、他の会社の業務ＰＣに関しては、問い合わせのあった当事者とのやり取りだけでの変更は避けましょう。

機器の初期設定は、導入時にその会社のルールに従って行った可能性があり、利用者はその内容まで細かく把握していないことが、ほとんどです。提案したいときは、先方のＩＴ部門の担当者に事情を伝え、相談しましょう。

サポート体制を整える

ＩＴ素人のサポートをスムーズにこなすには、「理論武装」だけではなく、サポートしやすい体制を整えておく必要があります。

目で見て確認できるようにする

電話越しでの対応など、相手の端末の様子を目で見て確認できない場合への備えは、効率化の優先度が高い課題です。

企業のコールサポートの多くは、前述への対応に、**「リモートメンテナンス」**を採用しています。これは、インターネット経由で、相手の端末の画面をサポート担当者が確認および操作することができる、ソフトウェアやサービスです。

運用では、相手に接続許可のための作業を実施してもらうものが多いですが、常時接続が可能なものもあります。どのようなサポート体制とするかは、相手先との保守契約によります。

こうした「リモートメンテナンス」は、無料で利用できるものも存在します。企業は、信用面から有料のものを使うことが多いですが、個人で知人の端末を確認するくらいであれば、無料のものでも用途に足ります。

海外製のアプリですが、『TeamViewer』の無料版などが有名です。常連のサポート先の端末にこれらを導入し、いざというときに起動してもらうように段取っておけば、電話越しに難解なやり取りをする必要もありません。

もし、諸事情で導入できない場合は、「スクリーンショット」で画面を撮影する方法や、携帯やスマホでの写真や動画撮影、ビデオ通話で端末の様子を見せてもらうなどの方法を、事前にレクチャしておきたいものです。

問い合わせのひな形(テンプレート)を用意する

メーカーのヘルプデスクでは、製品やサービスの問い合わせを受け付ける際に伝えてほしい内容を、**「問い合わせのひな形(テンプレート)」**にして案内しているところがあります。

ソフトウェアであれば、「質問」「不具合」「要望」のカテゴリ分けで、「OS」「バージョン情報」「内容（症状）」を聞くのが、よく見られる形式です。もっと詳しく、「対象画面」や「操作内容」を聞くものもあります。

こうした「ひな形」の目的は、状況を効率良く把握するためですが、相手にとっても、解決のために伝えるべき情報を知る手助けになります。

実装は、サイトの問い合わせフォームやメールが多いですが、口頭で依頼を受けた場合でも、こちらが「ひな形」に沿った質問をすることで実現できます。

検証できる環境を用意する

サポートでは、調査のために、長時間にわたって相手の端末を借りるのが困難な場合があります。また、解決策の有効性を、いきなり相手の端末で試すのも、ことによっては危険な行為です。

よって、できるだけ相手と同じ環境を用意し、問い合わせ内容を自分の手元で検証できるようにすることが望まれます。理想的には、機種、OS、対象アプリの統一ですが、アプリはともかく、複数台の機種やOSを用意するのはコストがかかります。個人の業務以外でのサポートであれば、持ち合わせの範囲で行う人が多いでしょう。

このコストを抑えるのに、インターネット上に指定したOSの仮想マシンを作れる、『AWS』などのクラウドサービスを利用する方法があります。利用時にのみ料金が発生する仕組みのものもあるので、実機の購入より安く済みます。

対応可能な時間と方法を決める

メーカーのコールサポートの多くは、受付時間が決まっていて、時間外では、「メール連絡のみ可、後日、折返し対応」といった体制を取っています。

個人でも、四六時中問い合わせが来て苦痛を被っているなら、これにならって対応可能な時間と連絡方法を決めて、相手に協力してもらいましょう。

家族や話のわかる知人なら直接交渉し、提案を飲んでくれそうにない強引な相手は、留守電にして要件を吹き込んでもらいましょう。

IT まとめ

いかがでしたでしょうか。前編の最後は、「理論武装」の手助けとなる心得、ノウハウ、サポート体制についてもご紹介しました。

トラブルの発生自体の予防や、わかりやすく、納得できる仕組みの構築という考えは、「理論武装」と目指すべきところは同じです。逆に、これらは難解で複雑なＩＴの、スムーズな利用のために心がけることの大原則です。

その観点で言えば、「理論武装」も、これらを実現するための道具（ツール）の1つであると言えます。決して、ＩＴ素人に特化した説得のための手段ではなく、他の仕組みとも併用しながら、みんなが、ＩＴを使いやすくするための技術なのです。

この後は、いよいよ、理論武装の実践編ですが、どんな問題も「理論武装」で解決しようと考えるのではなく、この前編で紹介した内容をもとに、場面ごとに効果的に利用していくことを目指しましょう。

第5章
聞く

ただ聞いているだけでは駄目

ここからは、ＩＴ素人とのやり取りを想定した実践的な例題を交え、彼らの不条理から身を守り、円滑なコミュニケーションを図るための理論武装の方法をご紹介していきます。

最初のテーマは、相手の抱えるトラブルや要求の内容を把握する、「聞く」という行為についてです。こちらに関しては、章題も「聞く」と表記はしていますが、現場では、必要な情報を**「聞き出す」**という意識での、積極的なアクションが求められます。

サポートで苦い経験を積んだ人であれば、理由はおわかりかと思います。流れに身を任せ、相手の言うことに耳を傾けているだけでは、理解に苦しむ内容を、長丁場で聞かされかねないのです。より悲惨なケースでは、間違った情報を教えられて、当然のこと、それに基づいた対応までもが、間違ったものになってしまうことがあります。

苦労した上に、相手の信用まで失ったら、目も当てられません。

こうした事態を防ぐためには、情報を効率良く「聞き出す」ことと、こちらが認識している情報が正しいかどうか**「確認する」**ことの、2種類の「聞く」が必要となります。

- **「聞き出す」……理論を活用して効率的に情報収集する**
- **「確認する」……トラブル防止のために念を押す**

なお、これらを実施するときには、メモを用意するようにしましょう。聞いた内容を忘れないように記録するだけではなく、第4章の97ページにあったように、聞くべき内容をテンプレートとして用意しておけば、確認漏れを減らすことができます。

また、記録は、後から言った言わないの食い違いが発生したときのための、証拠を残す意味合いもあります。議事録、コールサポートでの音声録音、確認メールなどは、それにあたるものなのです。

「何もしていないのに」には逆らわない

ＩＴ素人が、よく口にするセリフで有名な、「何もしていないのに」。これを言われるたびに、うんざりとしてしまう人は多いでしょう。経緯報告として参考にならないばかりか、背景に、「自分は悪くない」という主張が垣間見えるからです。

確かに、ＩＴ機器は自動更新などの影響で、本当に何もしていないのに不調をきたすこともあります。ただ、そんなことは先刻承知な私たちは、本来はそれも込みで自己対応するか、せめて手がかりとなる情報を提供してほしいと願ってやまないのです。

そもそも、操作に不慣れな彼らは、実際には、自分で気づかずに原因となる何かをしてしまっている可能性が否めません。そうした経験則と、相手の誤った認識を正したいという衝動に駆られ、この言葉に開口一番で反論してしまうという人も少なくないでしょう。

しかしながら、それは、不毛な議論の幕開けです。

例題

自分「お電話ありがとうございます。○○家電コールサポートです」
相手「もしもし？　先週、お宅で買ったパソコンがもう壊れたんだけど」
自分「え、故障ですか？」
相手「そうですよ。今日、使おうとしたら、ネットに繋がらないんですよ。こっちは、何もしていないのに」

◆✕理論武装前

自分「お客様、こういったケースは、お客様側での誤操作なども原因の可能性がありまして……」
相手「は？　何もしていないって言ったでしょ？」
自分「いえ、気づかないうちに、いつもと違う操作をした可能性がですね……」
相手「電源を入れただけですよ？　スイッチを押すのに、いつもと違う操作も何もないでしょうが！」
自分「そ、その操作は問題ないと思いますが、きっと、他にも何か……」

相手「だからぁ、何もしてません！　あぁ、ひょっとして、こっちが壊したってことにして、保証対象外にしようとしてるんでしょ？」

自分「えっ！　そんなつもりは……」

相手「冗談じゃない！　保証期間内なんだから、無償で修理なり、交換なりしてもらいますよ！」

以上のように、自分には問題がないと思っている相手に反論しても、相手はそれに対してさらなる反論をして、収拾がつかなくなってしまいます。

では、どうすればよいのでしょうか？　簡単です。相手の主張に逆らわなければよいのです。

◆○ 理論武装後

自分「何もしていないのに、ネットに繋がらなくなったのですね？　承知いたしました。もう少し詳しく状況を知りたいので、お手数ですがいくつかご質問にお答えいただけますか？」

相手「え？　あー……はい、いいですとも」

このように、「何もしていない」という相手の主張に逆らわないことで、無用ないざこざ避け、情報収集という本題に、あっさり移行することができました。

この時点では、相手は自分に原因があるとは思っていませんが、言い分が正しいかどうかは、調査の過程で明らかにすればよいのです。

実際、本当に故障ということもなきにしもあらずです。その場合、下手に相手を疑るような態度を取っていれば、こちらが手痛い目を見ることになります。安易な決め付けをしないように、私たち自身も心がける必要があるのです。また、原因が判明して所有者の免責の範囲だとわかっても、彼らはそのことを理解できないかもしれません。

つまり、「何もしていない」の背景にある、「自分は悪くない」という主張が改まらない限り、そこを刺激すれば、争いが勃発してしまうのです。

段階的には、次の章の『教える』で扱う話なので、それを読む前に相手に対し「それ見たことか！」などと勝利宣言しないよう、自重をお願いします。

情報収集の主導権を握る

ＩＴ素人のサポートでは、要領を得ない説明に翻弄されたり、本題とは関係のない話を延々と語られたりすることが、多々あります。もちろん、彼らに悪気はありません。有益な情報の取捨選択と、その伝え方をわかっていないだけなのです。あるいは、相談にかこつけてコミュニケーションを取りたかったり、愚痴の捌け口になってほしかったりと、別の意図もあるかもしれません。

しかし、忙しいときにこれをされると、たまったものではありません。ついつい、いらだちを含む口調で簡潔な説明を要求し、ギクシャクした状態になってしまうことがあります。

逆に、安易に話を遮ると失礼になると思い、やきもきした気持ちのまま、トークの切れ目を待ち続けているという人も、いるのではないでしょうか？

これらの苦労は、相手に会話の主導権を握らせてしまっていることが原因です。

例題

相手「もしもし、今、時間ある？　ちょっと、パソコンの調子が悪いんだけど、相談にのってくれない？」

◆×理論武装前

自分「うーん……いいけど、どうしたの？」
相手「それが、昨日、テレビでネットの面白い動画を紹介してて……あ、見た？　監視カメラの映像特集だったんだけど――」
自分（いきなり脱線するなよ……出かけようとしていたところなのに……）
～中略～
相手「――で、その動画を、もう一度、見たくてネットで探したんだけど――」
自分（動画が再生できない、とかかな……？）
～中略～
相手「――で、朝からパソコンの動きが遅くて困っててさ」
自分「はぁ？　今までの話、全然関係ないじゃん！」

相手「え……なに、急に怒ってるの？　関係ないとか言われても、こっちは詳しくないんだから、とりあえず、一から十まで説明するしかないじゃん！」

この例で失敗だったのは、自分はあまり時間をかけたくない状況だったのに、世間話を交えるほど長話が苦ではない状況の相手に、会話の主導権を握らせてしまったことです。

時間に制約がある場合は、対応可能な時間をあらかじめ相手と共有しておきましょう。「○時まで」など、具体的に伝えるのがコツです。

また、必要な情報を的確に得るには、回答の自由度が高い「どうしたの？」といった、俗に言う**「開かれた質問」**ではなく、厳密な答えを求める「今、どういう状態？」などの、**「閉じた質問」**を活用しましょう。

◆○ 理論武装後

自分「10分くらいなら平気だよ。パソコンの調子が悪い？　今、どういう状態？」
相手「あー、忙しかった？　なら、手短に。朝から動きが遅くて困っててさ」

自分「なるほど。じゃあ、今から確認してもらいたいことを、1つずつ言うね」

このように、最初に自分の事情を相手に知ってもらうことで、協力体制を築くのと同時に、「閉じた質問」によって回答をコントロールし、会話の主導権を掴むことができました。

例のように、まず、初動が大切ということを心得ておきましょう。もしも、長話が始まってしまった場合、急ぎであれば、多少強引でも主導権を奪還する必要がありますが、相手に気を使いつつ「ごめん」「すみません」と割り込む他に、少しユニークな方法があります。

何かを閃いたように、「あ、もしかすると！」で、割り込んでみましょう。すると、相手は不快感より解決への期待を抱いて、発言権を譲ってくれます。そこに、「閉じた質問」を続けて、引き続き主導権を握ってしまいましょう。

「あ、もしかすると！　動画が再生できなくなったんじゃない？　……違った？　それなら、今、どういう状態？」……といった具合です。

状況把握が困難なときは次回対応に

この章では、相手から効率良く情報を聞き出す方法を紹介していますが、どれだけその技術に長けても、状況把握が難しいときもあります。たとえば、「さっき、画面に変な表示が出たんですが」など、確認しようにも、相談者がすでに正確な情報を参照できない状態で問い合わせてくるようなケースも存在するからです。

こうした場合、相手の記憶を頼りに苦労して情報収集しても、果たしてそれが事実である確証はありません。そして、その不確かな情報に対するこちらのアドバイスも、推察の域を出ず、解決を保証できるものにはならないのです。

よって、状況把握が困難だと判断したら、対応を延期して仕切り直すことも必要です。第4章で、「その場で説明する必要はない」という心得をお伝えしましたが、情報収集でも同様のことが言えるのです。

問題は、解決を望んでもやもやしている相手に、先送りの正当性をきちんと説明できるかどうかです。

例題

自分「はい、○○ショップ、カスタマーサポートです」
相手「もしもし？　さっき、そちらのネットショップで商品を買うときに、画面に変な表示が出たんですが、すぐに消えちゃって……」
自分「変な表示……ですか？　どういった内容でしょうか？」
相手「うーん……覚えてないんですけど、重要なことだったらどうしようって、心配になって電話したんです。そっちでは、わからないんですか？」

◆✖理論武装前

自分「弊社のサイトの広告かもしれませんが、判断できかねますね……。パソコンやスマホ自体の通知や、ウイルスのような悪質な例もありますし……」
相手「え、ウイルスですか！」
自分「いや、その……あくまで可能性の1つですので。とにかく、わかりかねますので、同じことが起きたときに、またご連絡を――」
相手「待ってください。ウイルスが原因かどうか確認してください！」

自分「え！　申し訳ありません。そういった内容は、サポート対象外で……」

相手「対象外って、そっちが言い出したんでしょ？　それに、あなたのところの広告かもしれないなら、その辺は、はっきりさせるべきでしょ！」

この例では、余計な不安を煽ったため、残念ながら対応の先送りに失敗した上に、サポート対象外のことまで要求される羽目になりました。

こういうこともあるので、安易に不確かなことを言うべきではないのです。

本来、後日対応は相手に譲歩してもらう形なので、了承を得るには確認できる範囲の情報を提供し、少しでも安心してもらった上で、そうするしかない、あるいはそうするのが理にかなっていると、納得してもらうことが大切です。

◆○ 理論武装後

自分「申し訳ございません。その情報だけでは、なんともわかりかねます。ちなみに、商品のご購入手続きの方は、無事にお済みでしょうか？」

相手「そうなんですよ。そこに影響していないかも、ちょっと心配で……」

〜中略〜
自分「お待たせしました。商品の方は無事に注文済みになっていました」
相手「ああ、良かった。でも、あの表示はなんだったんですかね？」
自分「弊社の広告表示だったかもしれませんが、それ以外の可能性もあるので、確認しないとわかりかねるんです。次に出ましたら、写真に撮るなどして内容を控えた上で、またお電話いただけますか？」
相手「なるほど。わかりました。では、また連絡します」

今回は、相手が不安に思っていたこと（連絡してきた理由）を察して、それを解消した上で、次回対応を提案しています。

そして、注目すべきは、次に連絡をもらうときに、**同じやり取りを繰り返さないための施策を、きちんと考案**している点です。

ここが、単なるその場しのぎとの決定的な違いなのです。

余談ですが、気を利かせたつもりで、「こちらでも調べておきます」などと言うと、それを当てにされ、逆に催促されることもあるので気を付けましょう。

早とちりは間違った解決を招く

前節では、憶測でものを言うことの危うさについても少し触れましたが、それと並んで注意すべきは、話を聞いているときに早とちりをして、間違った解決方法を提案してしまうことです。

具体例はこの後に紹介しますが、対応を誤ると根幹の問題が解決できないばかりか、ひどいときは状況悪化に一役買ってしまうことにもなりかねません。これは、せっかちな人や、時間に追われて焦っている人に限りません。早押しクイズのような問題の途中での誤回答よりも、むしろ、引っ掛け問題の様相を呈するのです。

ＩＴ素人のサポートは、彼らから聞いた不明瞭な情報を、自分の経験で補完して全容を把握しなければならないことが多いため、その過程で誤解が生じることがあります。

そして、相手の要求に適切に対応したつもりでも、実は、それが罠かもしれないのです。

例題

相手「もしもし？　ちょっといいかね？　さっき、メールで請求書が届いたんだが、開いたら『マクロが無効』とかって表示が出たんだ」
自分「あー常務、『マクロ』は、単純作業を自動化したりできる機能です。常務の環境は、それを勝手に実行しない設定になっているんですよ」
相手「よくわからないが、この表示を消すにはどうしたらいい？」

◆✖理論武装前

自分（マクロが無効だと、請求書の内容が、正常に表示されないかもしれない。常務はそこまで理解していないけど、設定は変えさせた方がいいな）

自分「では、今から言う手順どおりに操作していただけますか？」

～中略～

相手「うん、表示が消えたよ。これでいいのかな？　……おや、ちょっと待て。急に黒い画面がいくつも出てきたぞ」

自分（黒い画面？　コマンドが実行されているのかな……？）

相手「なんだあっ、すべてのファイルを、暗号化して開けないようにしたので、元に戻してほしければ、金を振り込めと出たぞ！」
自分「しまった！　その請求書は偽物です！　常務が受信したのは、脅迫用のマクロを実行させるための、ウイルスメールだったんですよ……」
相手「なにっ、どうしてくれる！　重要書類が山ほど入っているんだぞ！」

即座に状況を把握して対応をしたはずが、とんでもないトラブルへと発展してしまいました。しかも、相手の要求に沿ったようでいて、確認を得ずに解決策を実施した結果なので、全責任を負わされかねない状況です。

このように、冒頭の話を聞いただけの段階で、盲目的に解決までの道筋を立てるのは大変危険だと、重々に心得ておく必要があります。

◆○ 理論武装後

自分（請求書と言うけど、信頼できないマクロを実行するのは心配だな……）
自分「常務、その請求書のメールですが、どなたから来たものですか？」

相手「聞いたことがない相手だ。メールの文面にも、詳しいことは書かれていないから、送られたファイルを開いてみたんだが」
自分「……怪しいですね。取引先に偽装した、ウイルスメールかもしれません。こちらで調査してもよろしいでしょうか？」
相手「おお……それは、危ないな。調べてみてくれ」

今度は冷静な対応により、最悪の事態を回避することができました。

ＩＴ素人のサポートで注意しなければならないのは、表に出ていない部分に重大情報が隠れている可能性が高いことです。知識があれば、伝えておくべきと判断することも、相手は知らずに見過ごしてしまうからです。

よって、こちらで経緯をきちんと確認することが、とても重要なのです。

例題のように、その情報を入手できたかどうかで、取るべき対応が、根本から変わってしまうこともあります。場合によっては、相手から当初、要求されていた対応が、不適切だと気づくことも少なくありません。相手の情報を鵜呑みにしては、駄目ということです。

また、理論武装後は、解決のために行いたい行為を、相手にきちんと説明しています。これは、「勝手なことをされた」と、後で言われないようにするためですが、今回のように、当初の対応方針から変更した場合でなくても、どのようにしたら解決なのかを、相手と共有することは重要です。

というのも、こちらの思う解決が、相手の考えているものと違うことは、よくあるのです。

たとえば、ネット閲覧中に邪魔な広告が出たと相談され、「閉じればいい」と、回答して終わったつもりが、相手はその広告が、二度と表示されなくなることを解決だと思っているかもしれないのです。

改めて、早とちりの防止には、次の点を押さえるようにしましょう。

- 何に困っているか(問い合わせてきた理由)
- どんな経緯か(最初に言われたこと以外も掘り下げて聞く)
- どうなれば解決か(要求を鵜呑みにせず、対応方針を相手と共有する)

第6章
教える

目的別の「教える」を意識する

前章では、「聞く」をテーマに理論武装をご紹介しましたが、ＩＴ素人との関わりで、これとセットで避けて通れないのが、「教える」という行為です。苦労して教えても、一向に理解してもらえないという苦悩の日々を、この章で打開したいと思います。

ここではまず、「教える」という言葉を、ケースごと掘り下げてみましょう。「聞く」では、相手の情報を「聞き出す」ことと、こちらが認識している情報を「確認」することの２つの要素がありましたが、「教える」に関しても、２つに分類分けができます。

１つ目は、質問に対しての回答などで行う**「説明」**。２つ目は、使用方法のレクチャなどで行う**「指導」**です。

両者の違いは、その目的です。「説明」の場合は、**相手を納得させること**に主眼を置くので、場合によっては、概略やたとえ話だけで理解してもらうことも可能です。対して、「指導」の目的は、**相手がツールを使えるようになること**なので、概略やたとえ話は、全容の理解の促進に役立ちはするものの、それだけでは不十分です。実際に操作を行うための、具体的な情報の提供が求められます。

この違いを意識していないと、各々のケースで、余分な説明に時間をかけて要点をぼやけさせてしまったり、逆に、必要な情報を省いて実用に足りない指導になったりと、ちぐはぐなことをやってしまいます。

- **「説明」……相手を納得させる。場合によっては、概略やたとえ話でもよい**
- **「指導」……対象のツールを使うのに、過不足のない情報を提供する**

また、いずれもこちらが発信した情報を、相手に理解してもらうことが大前提です。わかりやすく教えるための創意工夫以外にも、相手の学習に対するモチベーションを向上や、目に見えない理解度の可視化なども重要な作業です。

次節からは、これらについて、例題を交えてご紹介します。

段階を踏み「わからなかった」を防ぐ

こちらが教えたことを、相手が理解していなかったと知るのは、いつ、どのようなタイミングが多いでしょうか。

まず、教えている最中に、「わからない」と言われることがあります。教える側としては、話の腰を折られるようで嫌でしょうが、案外、最も助かるパターンです。次に、ひとしきり話し終えた後で、「わからなかった」と言われるパターン。これは達成感が打ち砕かれるので、話の腰は折れないものの、心が折れます。

しかし、もっと厄介なのは、後日、「実はあのとき、わからなかった」と、再びトラブルになってから、助けを求められるパターンです。

これらは、相手の性格にもよりますが、後になって白状してくる、最後のパターンが意外と多いのです。わからないと言い出せなかった。わかったつもりでいた。なんとかなると思った。理由はさまざまです。

例題

自分「では、我社で新規に導入した業務アプリの操作方法を、情報部門の私から説明させていただきます」
相手「よろしくお願いします」

◆✖理論武装前

自分「まず、こちらがマスター管理画面です。この『新規』ボタンを押すと――」
相手（マスター……？　バーの店長か？）
自分「――次の画面です。ここでは、このボタンを押して――」
～中略～
自分「――以上になります。後日、実運用となりますが、大丈夫そうですか？」
相手「えーと……まあ、多分……（なんとかなるだろ……）」
～後日～
相手「すみません……。やっぱり、使い方がいまいち……」
自分（念押ししたのに、『やっぱり』って？　しかも、稼働日の当日に……）

相手はまさに、直前まで「わからない」と言えない上に、「なんとかなる」と楽観的に考えてしまう、教える側にとって厄介な性格です。しかし、教え方にもいくつか良くない点がありました。

まずは、最初にアプリの概要やそれを使用した業務フローなどを説明せずに、いきなり具体的な操作指導をはじめたことです。そこでも、何をするための画面なのかといったことには触れていません。また、相手が知らない可能性のある用語に関しても、特に気を配らずに平然と使用しています。

これらから、スタートの地点で、すでに相手を置き去りにしていたのです。その状態から、さらにノンストップで説明を続けたので、相手にはただ、見知らぬアプリに関する謎の操作手順の情報が、漠然と入ってきている状態でした。

そうなると、手順を覚えても、その操作がどのような場面で必要かという、最も重要な点と結びつかないので、役に立たないのです。

最後に、当人は質問を受け付けて、理解の念押しをしたと思っていますが、結果は見てのとおりです。確認作業は、「言質を取るため」などと言う人もいますが、疑問の解消こそが本来の目的です。

正直に申告しない相手が悪いと言っても、講師などの場合は、受講者の成績が悪いと、教えた側の責任として評価されてしまいます。こちらから、相手の不理解を暴くくらいの働きかけが必要なのです。

◆○ 理論武装後

自分「本日は、まず、アプリの概要とそれを使うことで業務がどのように変わるのかを説明してから、実際の操作方法のレクチャとなります」
相手(うんうん。実はアプリ導入の理由、よくわかってないんだよね)
～中略～
自分「続いて、アプリを使う上で、覚えていただきたい用語がいくつかあるので説明します。1つ目は、『マスター』です」
相手(なるほど。『マスター』は、あらかじめ登録しておく基本情報のことか)
～中略～
自分「こちらが、先ほど用語に出てきた『マスター』を管理する画面です。項目を新しく追加するには、この『新規』ボタンを押して――」

相手（この画面で管理するのか。……あれ？　今、どうやった……？）
自分「以上で、この画面の説明は終わりです。では、試しに登録の作業をしていただけますか？」
相手「え！　あ、あのその……実は、さっき、よくわからなくて……」
自分「そうでしたか。わからなかったときは、遠慮せずに言ってくださいね」

今度は、相手を置き去りにすることなく進行することができました。

これは、いきなり操作指導へと入らずに、アプリと業務の関係や、専門用語を前段で説明し、**段階を踏んで理解を促した**結果です。操作方法の取得が最終目的ですが、そのための『急がば回れ』です。

また、最初にお題目を告知すると、相手は何を教えてもらうのか、今は何を教えられているのかを把握できます。長丁場のときは、それらを目に見える形で用意しておくと、途中で忘れるようなこともありません。

理論武装後のもう1つの改善箇所は、相手の不理解の早期発見です。違いは、何でしょうか？

まずは、確認のタイミングです。悪い例では、すべて教え終えてから、質問を受け付けました。「そのやり方もよく見るぞ」と思うかもしれませんが、これはタイムテーブルが厳密に組まれているプレゼンなどに適した方法です。発表が主体の場合、途中で質問を受けてしまうと、話の腰が折れたり、発表時間がなくなったりするので、最後に予定時間分だけ受け付けるのです。

対して、操作指導は、疑問の解消も重要課題です。質問を最後に回すと相手は聞きたいことを忘れる可能性があるので、各説明を終えた段階ごとの確認が望ましいのです。

そして、最たる変化は、確認が質問の受け付けではなく、**実演の要請**だったことです。最終目的が操作の習得なら、これほど確実な確認方法はありません。

例は、「わからない」と言い出せないケースでしたが、**「わかったつもり」**でいて、本番ではできないという人も多いので、この方法はとても有効です。

言葉よりも実践。まさに「論より証拠」です。

関心を持たせて聞く気にさせる

第4章では、こちらが覚えさせたいことを、あれこれと教えるより、相手から「求められている説明をする」のが合理的であるという話をしました。

ただでさえ、ＩＴ素人に何か教えるのは難しいところ、人は関心を持たないことに対しては学習意欲が低下するので、さらに難易度が増してしまうのです。

こちらが一生懸命に教えているのに、当人は上の空という、『馬耳東風』状態などということもあります。とはいえ、相手の関心がないことでも、教えなければならないときがあります。毎日、学校に通っている生徒たちは、全員が勉強を大好きなわけではないということを、皆さんもご存知かと思います。

現実は、本人が求めているもの（Wont）以外にも、周囲から強制されるもの（Must）があるのです。

こうしたケースでは、まずは、相手を聞く気にさせるところから始めなければなりません。

例題

相手（うちと縁のあるソフト会社の、新製品発表会への参加を命じられたけど、ＩＴ素人の自分を行かせても、意味がないだろうに……）

自分「本日は、お集まりいただきありがとうございます。それでは今から――」

相手（まあ、最初から買う気はないが、義理で誰か顔を出しておけってことだ。最近は寝不足だし、ここは１つ、この場を利用して解消してやろう）

◆✕理論武装前

自分「クラウドで――二段階認証なので――アドオンの追加によって――」
相手（あぁ……これは、いい具合にさっぱり訳がわからない。よく眠れそ……）
自分「――以上になります。本日はご清聴いただき、ありがとうございます」
相手（……おお、終わったか。久しぶりによく寝たなぁ）

相手にとっては、寝不足の解消に役立つ有意義な時間でしたが、講演者の立場としては、成果に乏しい内容となってしまいました。

最初から聞く気のない相手だから、仕方がないという意見もあるでしょうが、こうした発表会では、例題のような客層も想定した上で、内容に興味を持たせる手腕が求められます。

そもそも、発表内容が製品に利用されている技術方面の話に寄ってしまうと、IT素人ともまでいかずとも、詳しくない人は置き去りになり、つまらないと感じて興味が失せます。

伝えておきたい技術に関しても、わかりやすい説明を心がけるだけではなく、聞いてもえるようにする工夫が必要なのです。

◆○ 理論武装後

自分「本製品は、ここ最近で普及し始めた店舗向けの決済システムなのですが、概要を知っていただくため、まず、こちらをご覧ください」

相手（うん？　スクリーンに漫画みたいなのが映ったぞ……？）

自分「飲食店を経営するAさんは、以前から、キャッシュレス決済の導入を検討していましたが、設備投資や、決済時の手数料がネックでした」

相手（ほお、物語仕立てか。面白いな）
自分「そのとき、颯爽と登場したのは、導入コスト不要で、手数料も無料の――」
相手（おお！　この決済システム、すごいじゃないか……！）
自分「――しかし、このシステムはセキュリティで甘い部分が見つかり、顧客に金銭被害が発生してしまいました」
相手（駄目だろ、それ）
自分「今のは、他社製品を利用した場合の失敗例です。続いて、セキュリティを強化した、弊社の新製品を利用した場合の成功例をお届けします」
相手（なにっ）

一例ではありますが、このように伝えるべき情報に、ストーリー性を持たせて提供する方法があります。良い例と、悪い例を紹介することで、理解も深まり、なにより話に関心を持ってもらうことができるのです。

自分でストーリーを考えなくても、実例を話す方法もあります。ただし、顧客情報を勝手に話すのは、情報漏えいになるので注意しましょう。

おみやげを渡して同じ質問を防ぐ

教えているときは、ちゃんと相手が理解できたことを確認したのに、後日、また同じ質問が来てきしまうことがあります。理由は単純で、教えたことを相手が忘れてしまうからです。すぐに実践する機会がなかったり、頻度が少なかったりすると、IT素人でなくとも、記憶が飛んでしまうことがあります。

こうした事態を防ぐには、後で見返すことで記憶を呼び起こしながら、実践の手助けをしてくれる資料が必要です。しかし、IT素人に有用な資料を用意するのは、難易度の高い仕事です。

例題

相手「この前、教えてもらった使い方、期間が空いてたから忘れちゃったなぁ。そういえば、わからなくなったときのために、確か……」

◆**✕理論武装前1**

自分『必要に応じて、メモを取りながら聞いてください』

相手「そうそう、メモを取っておいたんだ。これを見れば……うん？ 『左下のボタンを押す』？ これのことか？ え、『この絵のボタンを押す』……？ 自分で描いたものだけど、見返すと下手すぎてわからない……」

◆**✕理論武装前2**

自分『もし、わからなくなったら、このメモを見てください』

相手「そうそう、メモをもらっていたんだ。えーと、『最初にブラウザを起動』？ ……『ブラウザ』って、どれだっけ？」

◆**✕理論武装前3**

自分『もし、わからなくなったら、このサイトを参考にしてください』

相手「そうそう、インターネットに画像付きで操作方法が載っているんだった。……でも、そこまでたどり着けない。電話して聞くか……」

今回は、悪い例を3パターンほど用意しました。

まず1つ目は、メモを相手任せにしたのが失敗です。「教えてもらう側がメモを取るべきだ」というこだわりは、「非合理的な考え」だと、第3章でお伝えしましたが、まさにその展開です。

初心者が、有用なメモを残すことを期待してはいけません。相手にメモを取らせるのであれば、内容をチェックするなどしましょう。

2つ目は、こちらからメモを提供していますが、相手が理解できない用語があったので、そこで終了してしまいました。そもそも、IT機器の操作方法を、文書や拙い絵で伝えるのは困難なのです。

そういった点で、3つ目は、画像付きで操作方法が載っているサイトを資料として活用する、第4章で紹介した効果的な方法です。資料作成の手間も省けます。しかし、残念ながら、相手がそこにたどり着くまでの案内が不十分でした。

これらの失敗に共通して言えるのは、アフターケアに対する重要性の認識不足です。一度、面と向かって教えただけで、完璧に使いこなせるなどと思わずに、後日、一人で実践するときのことも想定した、手厚いサポートが必要なのです。

◆○ 理論武装後

自分『今回は、このサイトに載っている方法に沿って教えます。印刷しておきましたのでどうぞ。用語など、書いてある内容でわからない箇所があったら言ってください』

相手「そうそう、画像付きの資料をもらったんだ。わかりにくい箇所は、当日に注釈も書き込んだし、これでなんとかなりそうかな」

理論武装後は、参考にしたサイトを印刷して提供しています。これによって、適所にメモを書くことができ、相手がサイトにたどり着く手間も省いています。不明点を、事前に解消している点にも注目です。

こうした気遣いを心がけるには、資料を親しい人間に手渡す**「おみやげ」**だと考えてみましょう。

酒が飲めない人にビールを渡したり、要冷蔵を伝えずに生モノを渡したりしないように、私たちは注意しますよね。

そして、もらって喜ばれるものを、厳選して用意したくなるはずです。

諭すときは相手のストレスを教訓化する

ＩＴ素人とのやり取りでは、自分は悪くないという態度で迫られたものの、結局は、当人のミスや誤解が原因だったというケースが少なくありません。

理不尽に被った愚痴や、費やされた貴重な時間を思えば、ここぞとばかりに、彼らに反撃したくもなるでしょう。感情のままに怒鳴り散らすまでいかずとも、嫌味混じりの説教を繰り出している人はいるのではないでしょうか。

しかし、それはおすすめできません。人間関係に影響が出ますし、相手は他人に相談することや、ＩＴに触れること自体が嫌になり、ＩＴ素人に拍車がかかってしまうかもしれないからです。

仕事であれば、もっと大変です。接客業務で、態度が悪いなどという噂が広まれば致命的です。対企業の案件でも、担当を外されてしまうかもしれません。

感情的な対応は、巡り巡って、トラブルとして自分に返ってくるものです。相手の負の感情に同調しないよう、冷静に対処しましょう。

例題

自分「何もしていないのに、ネットに繋がらなくなったのですね？　承知いたしました。もう少し詳しく状況を知りたいので、お手数ですがいくつかご質問にお答えいただけますか？」
相手「え？　あー……はい、いいですとも」
〜中略〜
自分「そうです。そちらが、ネットワークのオンとオフの切り替えボタンです。押してみていただけますか？」
相手「あ！　ネットに繋がりました！　うーん……このボタンを押したのかな？　でも、覚えがないなぁ……」

◆ **✕理論武装前**

自分（覚えがない？　人に因縁つけた上に、自分が悪いと認めない気だな！）
自分「うっかり、電源ボタンと間違えて押してしまったのではないでしょうか？　皆さん、よく同じことを言われますけど」

相手「……そうですか（なんか、棘のある言い方だな）」
自分「ただですねー、押すとボタンが光って、ネットが切断状態になったことをお知らせしてくれますから。そこさえ見ていただければ、故障ではないとわかるんですよね。マニュアルにも書いてありますけど」
相手（絶対、腹を立てて嫌味を言ってるな。もう、この店では買わんわ……）
自分「次からは、その辺りをご確認いただけますと、わざわざ、お電話いただくお手間もかかりませんので、よろしくお願いします」
相手「おい、いい加減にしろ！　さっきからブツブツよぉ……上司に代われ！」

今回は、第5章の104ページで使用した例題の続きです。操作ミスを、機器の故障だと思いクレームを入れてきた顧客に対し、ついつい嫌味を言って、新たなトラブルへと発展させてしまいました。

原因は、「正論を盾に相手にマウントを取りたい」「憂さ晴らしをしたい」といった、非合理的な欲求を叶えることを目的化してしまったためです。

こうした欲求に流されずにサポートを行うには、どうしたらよいでしょう？

◆〇 理論武装後

自分（すぐに故障だと思い込んだのは、きっと、ＩＴに詳しくないからだろう。無意識に誤操作をした後、それに気がつかなくても仕方がないな）

自分「同様のお問い合わせをいただくことがあるので、何かの拍子に押されてしまうことが多いのだと思います。なので、目印としてボタンが点灯して、ネットが切断させれていることが、わかるようになっています」

相手「ああ……なるほど。光ってましたね」

自分「お電話いただくまで、ご不便な思いをされたと思いますので、こちらに関しては、今後、お気を付けください」

相手「そうですね。本当に、朝から大変でした」

自分「他にも故障以外で、ネットに繋がらなくなるときがあります。マニュアルの『故障かなと思ったら』に載っていますので、今回のようなとき、ご一読いただくと参考になるかと思います。ご不明な点は、またお電話ください」

相手「詳しくないので助かります。なんか、勘違いして、すみませんでした」

理論武装後は、最初に相手をＩＴ素人だと見抜いて、自分の中の寛容性を高めています。第3章の70ページで紹介した方法です。

相手に対して親身になったことで、機器の仕様を説明する際にも、言葉遣いに毒が混じりません。

逆に、気を遣って他のトラブルに対し、事前に予防措置を講じています。特に、マニュアルを読むようにすすめる際、相手のストレス体験を教訓として利用している点に注目です。心当たりがあると思いますが、**人は困ったときや苦労したときにこそ、最も真剣にアドバイスを聞く気になります。**

最初は、ストレスの矛先がこちらに向いているので、「とばっちりだ」などと感じますが、実は何かを教えるのに、絶好のチャンスタイムなのです。このチャンスを、鬱憤晴らしで棒に振らないよう、「相手の問題を解決する」という本来の目的を、しっかりと認識しておきましょう。

ただでさえ、教える側の立場になると、相手を下に見てしまいがちです。そして、そうした傲慢こそが、私たちのストレスに拍車をかけていることも、自覚しておきましょう。

第7章
断る

性格の問題では済まない

本章では、「断る」をテーマにした、理論武装のテクニックをご紹介します。

皆さんの中にも、性格上、断るという行為が苦手な人がいるかと思います。困っている相手を放っておけない人もいれば、関係の悪化を懸念して、嫌々ながらも請け負ってしまう人もいることでしょう。

逆のパターンもあります。断ること自体はできるものの、毎回、相手を怒らせてしまう、まさに前者が恐れている状況になってしまう人です。

この手のテーマを論じるときに、先に述べた「性格の問題」だけに焦点を当て、「嫌われることを恐れない」を、最重要視するものもありますが、プライベートならまだしも、仕事の場合はいささか事情が違います。相手との関係を悪化させることは、自分はもとより、所属する組織にも影響を及ぼすことがあるからです。得意先を怒らせて、取り引きが打ち切られたら、嫌われても平気だの、サバサバ系だのと、個人の性格の話をしている場合ではありません。

また、断りづらい性格の人も、ありとあらゆる依頼を引き受けて、穏便に済ませ続けられるわけではありません。個人的には引き受けてあげたい依頼も、規則や命令で断らなければならないときがあるからです。

他にも、断ることを選択しなければならないケースは、数多くあります。

- 技術面で対応が難しい
- 対応しても採算が合わない
- 契約上、サポートの範囲外
- 対応することで、悪しき習慣化してしまう
- 違法行為に関与することになる

つまり、性格とは無関係に、誰しもが「断る」という行為を選択せざるを得ないときがあるのです。

そこに求められるのは、相手との関係を悪化させることなく、穏便に断ることができる技術です。

納得いく理由を説明する

ここからは、相手との関係を悪化させないための断り方の実践となりますが、まずは、逆に関係を悪化させる断り方とは、どんなものかを考えてみましょう。

一言で表すと、「雑な断り方」と呼ばれているものです。この「雑に断る」という概念について、言葉遣いや態度のことを思い浮かべる人が多いかと思います。

もちろん、礼儀的な面で言えばそれらも大切ですが、理論的な面からは、前章の『教える』であったように、相手に**断る理由を説明して納得してもらう**工程をおろそかにした結果です。理由もわからないまま断られると、相手は自分がぞんざいに扱われたと感じ、相談者への印象を悪くします。

また、断られた経緯を関係各位に報告する際にも、筋が通った理由が説明できないのは、大変困るものなのです。

例題

相手「もしもし、我社でお宅のソフトを使ってるんだけど、料金を払えば、改良してくれるサービスがあるんだよね？」
自分「カスタマイズのご相談ですね？　内容をお伺いしてから、可能かどうかの判断の上での対応となりますが、どのようなお話でしょうか？」
相手「会社に、最近のパソコンの他に、十年以上前に買った古いのもあってね、そっちだとお宅のソフトが動かないから、対応してほしいんだよ」
自分「……なるほど。まだ概要の段階で大変恐縮なのですが、本件に関しては、明記された動作保証外の環境のようなので、ちょっと無理かと……」
相手「えー？　うちの社員が言うには、最近のソフトでも、古いパソコンの方で使えているものはあるってよ？　お宅のも、やればできるでしょ？」

◆✖理論武装前

自分「いやぁ……やれるやれないで言えば、不可能ではないですが、方針として対応すべきではないので……」

相手「なんだ、その『すべきじゃない、方針』ってのは？　面倒そうな依頼は、ろくに話も聞かずに、門前払いしろってことか？」
自分「い、いいえ……弊社の対応は、あくまで業界常識的なものでして……」
相手「それは、こっちの『常識がない』ってことか？　さっきも言ったけれど、使えているソフトだってあるんだ。常識を知らんのは、そっちだろ！」
～電話ガチャ切り～
相手「まったく、面倒だから適当なこと言って断るなんて、不誠実なもんだ！」

断られた理由の説明に納得できなかったことで、相手は「面倒だから」という理由を勝手に想像し、勝手に納得してしまいました。人間関係においての誤解は、このようにして生まれるのです。

この例題で、相手に納得してもらう必要があったのは、反感を買ってしまった「業界常識」という、雑な一言の中身です。本来は、それらを説明すべきでしたが、相手がＩＴ素人だという気配を感じ取ったことで、難しい話は理解できないと考えてしまったのです。

確かに、理解できない話をしてしまうという失敗はあります。しかし、伝えるべき情報をまったく提供せずに誤解を生じさせるのも、やはり失敗です。

とはいえ、相手のレベルに合う説明を、その場で考えるのは難しいものです。理論武装後は、その辺も考慮した対応方法をご紹介します。

◆○ 理論武装後

自分「……そうしましたら、社内にて検討いたしますので、折返しのご連絡でもよろしいでしょうか？」

相手「わかりました。待ってます」

～中略～

自分「申し訳ありません。古いパソコンで弊社のソフトをお使いいただくのは、お客様の安全面から、やはり、推奨できないという結果になりました」

相手「え？　安全って何の話……？」

自分「パソコンを動かしているOSというシステムがあるのですが、十年以上も昔のものはセキュリティ的に危険だと、販売元からの札付きなんです」

相手「だって、問題なく使えてるよ？　動きは遅いけど」
自分「自己責任の範疇では使えますが、消費期限切れの食べ物と同じで、問題が起きても販売元は一切責任を取らないと、保守を打ち切っているんです。なので、ソフトもそんなOSでの動作を保障して作らないんですよ」
相手「最近のソフトなのに、古いパソコンでも動いているものは？」
自分「少し前のOSなら意図して対応しますが、それより古いものに関しては、逆に、意図せず動いただけというものが多いでしょうね」
相手「じゃあ、古いパソコンでも使えるようにどころか、そのパソコン自体を、もう使わない方がいいのか……」

理論武装後は、これまでに紹介したテクニックを、いくつか駆使することで、最終的に相手を納得させ、依頼を断ることができました。
まず、こちらも当初は説明の準備が十分に整ってはいませんでした。そこで、いったん折返しにして、理論武装をしてから臨んでいます。第4章の84ページの実践です。続いて、予期せぬ「安全面」という言葉で、相手の興味を引いています。前章の

130ページで紹介したテクニックです。この「安全面」の話題を切り口とし、以後は、きちんと「業界常識」の中身を説明しています。この説明は、相手を納得させることが目的なので、相手がよく知っているものへのたとえ話などが、非常に効果的です。最後は、自社の対応の正当性と、逆に、相手が根拠していた情報(古い端末で最近のアプリが動作する)が、例外であることを説明し、すべての問題をクリアしています。

このように、上手に断るには、『教える』をベースに、まずは相手を納得させることが大前提であると、覚えておきましょう。

少し不誠実な話ではありますが、納得させることさえできれば、本当に面倒だから断りたいときでも、穏便に断ることができます。

よく、「忙しいから」と、説明する人がいますが、真偽以前に、これは面倒なときに使う言い訳の常套句で、雑な断り方として受け取られることが多いです。

これを、「○日まで△で忙しい」と、具体化するだけでも印象は違います。

割に合わない依頼には相場価格を提示する

依頼を断る理由に、「割に合わないから」というケースがあります。この場合、是が非でも引き受けたくないというよりは、内容さえ改善されれば検討したいということもあるでしょう。相手も、最初に提示した条件に固執していなければ、少し割高になろうとも、依頼をするかもしれません。

お互いが、そうした意識で望むやり取りは「交渉」へと発展するわけですが、残念ながら、現実は建設的な歩み寄りが行われる場面ばかりではありません。

あきらめるならまだしも、割に合わないという言い分に納得せず、例によって、「面倒だから断られた」「こちらの足元を見るつもりだ」などと思い込んでしまう人もいます。

実際に、断らせることを目的に高額な見積もり出す例もありますが、もちろん相手の印象を悪くします。まして、そんなつもりがないのであれば、誤解を招くような事態は避けなければなりません。

例題

相手「へえ、今はフリーランスのエンジニア？ それって、どんな仕事？」
自分「いろいろと請け負ってるよ。ウェブサイト制作とか」
相手「お？ ちょうど、うちの店でもホームページが欲しいって思ってたんだ。頼めばやってもらえる？ 元同級生割引で！」
自分「……まあ、多少は安くできるけど。その気があるなら見積もりする？」
～中略～
相手「うわ、高っ！ ホームページなんて無料でもできるんじゃないの……？」
自分「そういうのは、ブログとかSNSとかでしょ……。企業サイトだったら、それなりにちゃんとする必要があるから、これくらいはするね」
相手「えー、本当ぉ？ この後の二次会代くらいでやれないの？」

◆ ✖ 理論武装前

自分「無理だよ……。これだって、特別価格なんだよ？ ドメインの取得とか、SEO対策とか、ユーザービリティとか、セキュリティも考慮して――」

相手（よくわからないけど、こいつアレだ。高級ブランド志向の意識高い系）

例題では、最初から割引を要求する相手の厚かましさに萎えていたとはいえ、ＩＴ素人には理解できないと、わかりきった説明をしてしまいました。

結果、見積もりの妥当性を納得してもらえず、何やらお高くとまっているとの誤解までされています。もし、周囲にこうした風評を広めらでもしたら、個人事業主には痛手です。

今回は、相手がウェブサイトの制作にかかる費用を、見込み違いしているのがネックです。

面倒でも、見積もりの内容を、逐一説明していくのが正攻法に思われますが、それよりも手っ取り早い方法があります。相場価格を提示するのです。

◆○ 理論武装後

自分「ちょっと、これ見て。同じように、個人で制作を請け負ってる人たちの、照会サイトなんだけど」

相手「本当だ……。みんな、同じくらい取ってる……」
自分「なんなら、どこかに相見積もりして、確認してから決めたらいいよ」
相手「そ、そうだね。そうか……それなりにするんだなぁ……」

理論武装後は、クラウドソーシングサイトの相場価格を提示することで、想像との価格のギャップを、相手に納得させています。

こうした方法は、今回のようなケースで、相手の信用を得るのに効果的です。というのも、最初に見積もりの金額を疑った時点で、相手はこちらの言うことを信用していないのです。そうなると、見積もりの内容を懇切丁寧に説明したところで、それすら疑われてしまう可能性があるので、**客観性のある「根拠」**を突き付けたわけです。

もう1点、見込み違いとはいえ、相手は予算を端から決めていました。それより高額なのだと確信すれば、さっさとあきらめてしまう可能性があるので、細かい説明より、大本の判断基準になり得る情報を、率先して提供したのです。

現実とのギャップが解消されても、相手は出せるものしか出せないのです。

違法行為は不利益を強調して断る

依頼の中には、検討の余地もなく必ず断らなければならないものもあります。それは、「違法行為」に関わるものです。音楽を無料でダウンロードする方法を尋ねられたり、有料アプリのライセンス違反を相談されたりと、ＩＴ関連では倫理観が麻痺して、気軽に違法行為による恩恵にあやかろうとする人たちがいます。

ＩＴ素人の中には、それらが違法だとは知らず、説明すれば理解してくれる人もいますが、確信犯による依頼も当然あります。それらを、自分で行うのはもちろん、教えることもアウトです。最初に言った倫理観うんぬん以前に、こちらにも実害が及ぶからです。

違法サイトでウイルスに感染し、端末が故障する程度の話ならまだマシです。個人情報が流出したり、金銭的な被害にあったりすれば、相手の怒りの矛先は、あなたへと向かう可能性もあります。

そして、相手が刑事事件の捜査対象ともなれば、どうなるかは明白です。

例題

相手「なあ、〇〇ってアプリで、映画や音楽が簡単に手に入るらしいじゃん？　使い方、教えてよ」

✖理論武装前

自分「いや、そういうの違法だから……。しかも、それって共有アプリだから、ファイルの流通に関与することになって、運が悪いと捕まるよ……？」
相手「そうなの？　まあ、気を付けるからさ、一応、教えてよ」
自分（何をどう気を付けるんだよ？　どうなっても、知らないぞ……）
～後日～
自分「え？　警察がどういった御用で？　はい、そいつは友人ですけれど……。あっ……確かに、そのアプリの使い方を教えたのは、自分ですが……。はい？　うちを家宅捜索？　――いやいや、ちょっと待って！」

被疑者を幇助したとなれば、捜査の手が自分にも及ぶのは、当然の結果です。相手を「どうなっても知らない」などと、自己責任論のもとに傍観している場合ではなく、**自分自身がどうなるか**に、想像を巡らせるべきでした。

この例題においては、相手に使い方を教えることは最大のＮＧ行為なのです。

また、最初に注意もしてはいますが、それも相手には響かない内容でした。違法行為を上等とする人の倫理観に訴えても効果が薄いので、逮捕の可能性に触れたわけですが、「運が悪いと捕まる」では、「大抵の人は捕まらない」と、高をくくるのが人間です。

本気で注意、もとい警告するなら、**危機感を煽り、不利益を強調**すべきです。

◆○ 理論武装後

自分「……そのアプリは使ったことがないから、わからないなぁ」

相手「えー、こういうの、詳しいと思ったのに」

自分「そうそう、そのアプリって、違法ファイルの共有で逮捕者が出てたよね。ネットで検索すれば出てくるんじゃないかな？　えーと……ほら、これ」

相手「うわ、本当だ。捕まるやつっているんだ……」

自分「悲惨だね。一生、ネットに犯罪者として名前が残るんだから」
相手「そ、そうだな。運が悪いよなぁ」
自分「運が悪いって言うより、端から自殺行為なんだよね。このアプリは本来、合法ファイルの共有が目的で匿名性がないから、すぐに足が付くんだよ」
相手「……そうなんだ」
自分「それにしても、急に警察が家宅捜査に来たとき、どんな気分だったのかな？　会社員だったらしいけど、勤め先もクビになっただろうなぁ」
相手「……使わない方が、よさそうだな……」

今回は、最初に「わからない」と宣言し、違法行為への関与を断っています。これは、本当は知っていたとしても、同じ回答をすることを想定しています。嘘はよくないかもしれませんが、手っ取り早い方法です。
その後は、相手を思っての警告です。過去に過ちを犯した人に気の毒ですが、ネットに刻まれた彼らの記録は、これらから同じ道を歩もうとしている者への、この上ない教訓となるのです。

代替案で穏便に収める

本章の最後で扱うのは、穏便に断るのが最も困難なケースです。というのも、ここまでは相手の納得のいく説明をすることが大前提でしたが、今回は説明には納得したものの、対応してもらえない限りは不満が解消されないという状況の話だからです。

聞いただけで厄介だと思うかもしれませんが、私たちも依頼をする側として、こうした場面に立ち会うことも珍しくありません。たとえば、困って問い合わせた先で、「うちは管轄外」という内容の説明だけをされたら、言い分に納得できても、「だったら、どうすればいいんだ！」という憤りを感じるのではないでしょうか。

切羽詰まったトラブルを抱えているときなどは、そうした「逆恨み」とも言える思考へと陥りがちです。

このような人間を前にして、対応できずに断るしかないとき、私たちはどうするべきでしょうか。

例題

相手「もしもし、以前にも電話したことがあるのだけど、我社でお宅のソフトを使っていて、ちょっとまた、相談したいことがあってね」
自分「いつもお世話になっております。内容をお伺いしてから、可能かどうかの判断の上での対応となりますが、今回はどのような……？」
相手「お宅のソフト、インターネットがないと使えないでしょ？　外に出たときも使いたいから、そういうことができるように改良してください」
自分「……なるほど。申し訳ありませんが、本件についても対応は難しいかと。弊社の製品は、ウェブアプリという種類でして――」
～中略～
相手「ふむ。難しいのはわかったけど、こっちが、不便な思いをしているのも、わかってもらえないかね？　どうにかならんの？」

◆✖理論武装前

自分「申し訳ございません。ただいま、申し上げた次第でして……」

相手「まったく、お宅はいつもそうだよ。『ご相談ください』って言いながら、まともに対応したことがないじゃないか……」
自分「いやその……対応したいのは、山々なのですが、お客様のご相談内容が、弊社が想定していない異例なものばかりで……」
相手「なにを！　君らからしたらそうだろうが、こっちは、使いづらいところを正直に報告してるだけなんだぞ！」

要求に応えられず、不満が解消されないときに取る対応の1つに、相手の怒りが収まるまで誠心誠意で謝罪する方法があります。俗に言う、「平謝り」です。理論武装前は、それで乗り切ろうとしている様子を描いたものですが、途中の口答えで火に油を注いだのが失敗でした。謝罪に徹するなら、「悪いのはそっち」と取れる態度を匂わせては駄目です。

もっとも、最近では「お客様は神様」という、顧客優先主義を見直し、無理な要求に対しては、毅然と振る舞う方針も見られます。相手を、自分たちと友好な関係を結べる顧客ではなく、不利益なクレーマーと見做して距離を置くのです。

世論的にも正当性が認められないと、悪評が広まってしまう恐れがあるので、勇気がいる対応ですが、このモデルを参考にするなら、逆に、もっと堂々と反論するべきでした。つまりは、どちらにしても、中途半端な振る舞いとなってしまったわけです。

そして、これから紹介するのは、第三の方法です。

◆○理論武装後

自分「外出先で弊社のアプリを使用するのが目的ということであれば、改修での対応は難しいですが、代替案ならご提案できるのですが……」
相手「代替案？」
自分「はい。外出先でも繋ぐことができるインターネット回線がありますので、そちらと契約していただければ、解決するかと」
相手「え、外でもインターネットができるの？　そっちの方が便利じゃないか。それで対応してよ」
自分「……それは、弊社ではなく、回線業者との契約になりますね」
相手「それって、何て名前の会社？」

自分「……日本に何社もありますので、ひとまず、御社でインターネット回線を契約していている業者にご相談されるのが、よろしいのではないでしょうか」
相手「そっか。同じインターネットの会社だものね。うん、ありがとう」

理論武装後は、そもそも、「何に困っているのか」という点を冷静に考えて、代替案を提示することで、穏便に収めることができました。

しかし、いつもここまで相手の要望に叶う代替案が出てくるとは限りません。その点では、相手にできる限りの誠意を示すための対応とも言えます。

とはいえ、**切羽詰まっている人は、納得のいく説明よりも「解決への道筋」を求めています。**その気持ちに寄り添ってくれていると思ってもらうことが、円満な解決を図るための、重要な要素なのです。

ただ、例題でもあえて最後に、保守対象外の対応を求められそうな場面を掲載しています。際限なく依存されるのを防止するためには、相手が迷わないよう、上手な道案内が必要であることも、認識しておきましょう。

第8章 説得する

「強要」でも「お願い」でもない

前章でご紹介したのは、相手からの要求を断るための理論武装でしたが、今度は、逆にこちらの要求を相手に通すための「説得」がテーマです。

ＩＴ素人への説得といえば、経営陣へのシステムの導入提案や、丸投げされていたＩＴ関連作業を突っぱねて、自己解決を促す場面などがあります。これらは、今までのテーマと比較しても、難易度の高い作業です。

今回も、『断る』と同様に、まずは概要を説明するところから始まりますが、当然、相手のレベルに合わせ、わかりやすい内容を心がける必要があります。

ところが、内容を理解しても、要求に応じてもらえるとは限りません。現状維持で問題ないと判断されてしまえば、説明の苦労も水の泡なのです。それどころか、要求を飲めば、自分の不利益に繋がると相手が思っていたら、終始、非協力的な態度を取られることもあります。

皆さんの中には、「そんなことはお構いなし」「有無を言わさない」と、強硬路線で押し通そうとする人もいるかもしれません。確かに、自分が上司の場合など、相手より優位な立場なら可能でしょうが、そうなると、「説得」ではなく「強要」です。今のご時世だと、「パワハラ!」とも言われます。

では、語気を弱めて下手に出ればいいかといえば、それでうまくいくわけでもありません。なぜでしょう? 「強要」とは逆に、相手に遠慮して要求を主張しきれないのが原因だと思うかもしれませんが、問題はそこではありません。

そもそも、要求を伝えるだけでは、「お願い」に留まってしまうのです。最終目的は、**要求を承諾させること**です。そのために、そうせざるを得ない、または、そうすることに意味があると、納得させる必要があるのです。

つまり、IT素人の「説得」には、次の3つ説明が必要なのです。

❶こちらの要求(困っていること、改善したいことなど)
❷関連するIT情報(システムの概要、使用方法など)
❸承諾すべき理由(そうせざるを得ない、そうすることに意味があるなど)

丸投げされないために先手を打つ

ＩＴ素人への要求で切実なものの１つは、作業の丸投げ禁止でしょう。「あなたは詳しいから」「自分にはわからないから」といった理由で、作業を押し付けられることを、大抵の人は不公平に思ってストレスを感じます。

第３章では、こうした状況に対する、内面的な対処方法をご紹介しました。たとえば、視野を広げると、相手との「持ちつ持たれつ」の関係に気がついて、不公平に感じなくなるかもしれません。これはこれで、重要な考えです。

しかし、仕事の現場では、業務の遅滞の原因になったり、トラブル時の責任の所在で混乱が起きたりと、利害上、良くない場面が出てきます。そして、当人のＩＴスキルが向上しないので、延々と状況が改善しません。相手に、「やらざるを得ない」と納得させるときは、こうした理由を丁寧に説明するのが正攻法ですが、丸投げ常習犯になると、こちらの話を聞かないように、依頼だけしてさっさと逃げてしまったり、さも合理的な屁理屈を展開したりと、なかなか手ごわい面があります。

例題

相手「君、またシステムへのデータ入力を手伝ってほしいんだけど」
自分（来るころだと思った……。『手伝って』って言いながら、いつも丸投げだ。今回こそ、自分でやらせるようにしないと……）

◆✕理論武装前

自分「すみません。ちょっと今、多忙でして、今回は——」
相手「急ぎじゃないから、時間ができたときで大丈夫だよ」
自分「で……でも、遅くなりますから、自分で作業した方が早いかと……」
相手「いやいや。こっちは、指一本で打つんだよ？　君を待った方が早いって。慣れないから作業も止まるし、そういう時間も、もったいないでしょ？」
自分「そうですけど……。後、他部署の自分がやるのも、本来は問題が……」
相手「気にすることないさ。それより、慣れない者がやって間違う方が問題だ。個人のミスがどうこうじゃなく、会社の責任になるんだからね」
自分「……そうですね……」

残念ながら、丸投げを阻止すべく食い下がったものの、逆に相手の理論武装で論破されてしまいました。

しかし、冷静に考えれば、突っ込むべき箇所はありますし、同意できる点があったのでしょう。主張に、同意できる点があったのでしょう。

巻き込み、さも効率的であるかのように言う。両立しなければならない、部署ごとの業務責任と、間違いの防止を、どちらを優先すべきかという話にすり替えて、自分に都合のいい結論を言う。詐欺師もよく使う論法なので、注意しましょう。

とはいえ、今回のようなケースは、発言の矛盾を指摘しても相手は屁理屈でも返してきて、泥仕合に発展する恐れがあります。面倒になって、「もういいです……」と言わせるのも、相手の狙いの1つです。

一見して理不尽な話には、討論の真似事など無用なのです。

◆〇 理論武装後

自分「その件ですが、そちらの部長に、手伝って大丈夫か聞いたのですが――」
相手「えっ！　『そちらの』って、うちの部長？」
自分「はい。他部署の人間が関わって大丈夫か心配だったもので。そうしたら、やはり、

『遠慮してくれ』と言われてしまいまして……」
相手「お、おい……！　そんなこと聞いたら、こっちの立場が……」
自分「あー、大丈夫です。名前は出していませんので。ただ、そうした経緯で、手伝うのが難しくなってしまいましたので、すみません」

このように、討論の真似事を避けて一発で説得するには、これを言われたら、「やらざるを得ない……」と、相手があきらめる説明を用意すれば十分です。こう言われたら、こう返す――などと、あれこれ悩む必要はありません。

ただ、そうした会心の一撃なので、何が有効かを考えて、今回のように事前に根回しをしておくなどの、**先手を打っておく**ことが重要です。

中でも、相手の直属の上司の言質を取ったり、注意喚起をしてもらったりするのは大変、有効です。自分が問題の相手より立場が下でも、上司が背後に付けば、相手は従わざるを得ないのです。

あまりいい印象で使われない『虎の威を借る狐』ですが、威力は絶大です。

IT 現状に問題があることを知らせる

業務改善のためにシステムを導入する際は、関係各位に提案をした上で許可を得なければなりません。本書において、彼らが「ＩＴ素人だと苦労する」という流れは必然ですが、もう一点、彼らが「現状に問題がある」と認識していないと、さらに厄介です。

単純に、「問題がなく動いている仕組みを、変える必要はない」という思考に加え、その従来の仕組みが、「自分たちが扱えないものに置き換わってしまう」というマイナスイメージが、なによりもまず先行してしまうのです。

そして、当然のこと「そんなものに、費用をかけられない」となります。

費用というのは、直接的な支出に限りません。新しい技術を学ぶための労力に関しても、きちんと認識して反対してくる人がいます。つまり、「手間」です。

特に、ＩＴ素人は後者への抵抗感が強いので、システムが無料であっても、「必要ない（面倒だから）」と、即決されがちなのです。

彼らに見えていない問題を、どのようにして伝えればよいのでしょうか。

例題

相手「で、今回の話は？」
自分「はい、社内で使用しているパソコンのOSを、一斉更新したいのですが」
相手「……OSって？」
〜中略〜
相手「話はわかったが、今のままでも使えるんだろ？　なら、必要ないだろ」
自分「いやあの……ですから、放っておいても勝手に更新されるので――」
相手「そのまま更新させようって話だろ？　でも、更新させない方法もあるって言うのだから、そうしてくれよ。無駄に混乱しなくて済む」

◆✖理論武装前

自分「でも、更新しないと、後で、いろいろと問題が出る可能性が……」
相手「使えなくはならないんだろ？　それならいいさ」
自分「更新すれば、使いやすくもなるかとは……」
相手「ちょっと便利になっても、使い慣れたものが変わる方がストレスだ」

自分「……あの、わざわざ更新を止める設定をするのは、台数的に苦労で……」
相手「何を言ってる？　現場に苦労をかけないのが本分だろ。君の苦労の裁量で決める問題なのか？」
自分（あぁ……黙って、更新させておけば良かった……）

最後は、悲痛な後悔で締めていますが、気持ちはわかるものの、反省点はそこではありません。勝手に自動更新させていたら、現場が混乱して、結局は責任を問われていたことでしょう。

今回の説得では、最初にデメリット、次にメリット、最後にまたデメリットを説明していますが、どれも抽象的で浅い話のまま、次の話題へと移っています。メリットにしろ、デメリットにしろ、相手に理解してもらうためには、もっと具体的な掘り下げが必要です。

◆○ 理論武装後

自分「使い方ならいずれは慣れますし、安全面の問題はそれよりも深刻です」

相手「え？　安全って何の話だ……？」
自分「こちらの資料をご覧ください。古いＯＳの危険性についてのまとめです」
〜中略〜
相手「うーん……確かに、ウイルス被害などは恐ろしいな……」
自分「現場には、できるだけ混乱しないように、事前説明を行いますので」
相手「そうか……？　それならば、うまくやってくれよ……？」

セキュリティ問題が絡むときは、積極的に現状の危険性を強調すべきです。ちょっと便利になるくらいでは、面倒さが勝ってしまう人も、致命的な被害の方は避けたいと思うからです。

最後に、現場へのフォローに言及したことも決め手になっているので、相手の当初の心配も軽視しないようにしましょう。

また、説得は口頭のみで行わず、資料を準備しておくことが望まれます。相手の理解度が向上し、外部データを使用すれば、信憑性も増します。説得も、プレゼンテーションの１つなのです。

IT 強制より自発性を促す

前節では、ＩＴ関連の提案時に、ＩＴ素人は反対勢力化しやすいということにも触れましたが、提案が通ってシステムの導入が決まってからも、難色を示す人がいます。実際に、システムを運用する現場サイドです。

導入の決定権は、経営層が握っていて、現場との認識の相違を抱えたまま事が進むことがあるのです。もちろん、わだかまりは、実運用前にきちんと解消しなければなりません。彼らに説明会などを開く立場であれば、そうした場を利用して、操作指導より先に「強制されている」という意識の改善を行うべきです。

現場が非協力的で、運用がうまく軌道に乗らなければ、システムの導入を提案した人間が、責任を問われる可能性があるからです。だからといって、無理やり「使え」と強制しても、批判が出ます。

参考にすべきは、童話の、『北風と太陽』です。

例題

自分「定刻になりましたので、今後、業務で使う紙の削減にあたって、ご協力いただきたいことを、IT部門より説明させていただきます」

相手（まったく……エコだの業務効率化だの言うが、コストカットのしわ寄せを現場に押し付けようとしているだけだろ。エゴの業務不幸率化だ……）

◆✖理論武装前

自分「まずは、経費申請などの書類の電子化です。こちらのアプリで、このような操作をしていただくことで——」

相手（おいおい……今まで、紙に判子を押すだけだったのが、こんなシステムを使わないといけないのか？　IT素人のことも考えてくれ……）

自分「そして、FAXもできるだけ紙を使わないよう、パソコン上で送信や受信をしていただきたいと思います。まず、複合機で初期設定を——」

相手（FAXまで！　冗談じゃない。うちの部は、こんな取り組み徹底無視だ！）

理論武装前は、相手は当初からシステム化に不信感を抱いていたこともあり、途中でまったく耳を傾けてもらえなくなりました。この不信感は、コストカットのしわ寄せで自分たちが負担を強いられるとの、思い込みに起因しています。

しかし、本件の問題点はそこよりも、説明により思い込みが確信へと変わってしまったことです。ＩＴ素人に、**システム化は面倒でしかないと思わせては、絶対にいけません。**

◆○ 理論武装後

自分「まずは、経費申請などの書類の電子化です。今までの紙でのやり取りを電子化することで、紙の削減の他に、このような業務効率化が可能です」

相手（うん？　出先でも、承認処理ができるのか？　帰社してから片付けなくていいから残業が減る？　むしろ、直帰できるだと……？）

自分「そして、ＦＡＸも必要なものだけ出力したり、送るときも、わざわざ紙で印刷しなくても送信したりできるようになります」

相手「便利じゃないか！　どうして、今まで提案しなかった！」

理論武装後は、操作指導より先に、システム化による恩恵を前面に出して説明しています。前節では、経営層に対してデメリットを強調して導入を提案していましたが、現場の人間は、自分の業務が楽になるというメリットに対して敏感なのです。

この後には、本来の目的である操作指導が控えていますが、先の利便性を手に入れるために必要な工程として、聞く耳を持ってもらえます。北風で吹いても『馬耳東風』なら、温かい日差しで照らして、相手が自然と疑念を払拭できるようにするのです。

余談ですが、すでに導入が決定しているシステムのメリットは、当然の情報として、提案側が把握しているべきことです。

もし、説明のためにわざわざ利点を探すような状況なら、それこそ本末転倒。システムの導入ありきで、現場に負担を強いる結果になりかねません。

安心を得れば人は動きやすい

ＩＴ化の推進には、利用するメリット、利用しないデメリットを強調して説得するのが有効ですが、それでも、やはり躊躇してしまう人もいます。

第２章では、ＩＴ素人の背景を紐解きましたが、中でも、「ＩＴへの不信」がある人は、こちらが説明した内容以外の、何らかのイレギュラーにより不利益を被るのではないかとの不安を抱きがちなのです。

それは、システムの障害や欠陥に対する不安の他に、不慣れな操作によって、「大変なミスをしてしまうのでは」といった、より切実なものも含まれます。

たとえると、ペーパードライバーが、運転を無理やり強いられている状況です。自家用車ですら怖いのに、ミスで会社に大きな損害が発生するかもしれない社内システムは、大勢乗せたバスで、高速道路を走らされるのと同義でしょう。

早く目的地に着けるというメリットを説明しても、事故を起こすかもしれないという心配の方が勝ってしまうのです。

例題

自分「――以上で、新システムの操作説明は終了です」
相手「あの……このシステムに打つ内容は、やっぱり、間違えたりすると大変なことになるんですよね……?」

◆✕理論武装前

自分「そうですね。特に、お金関係の数値を間違えると、お客さんへの請求額も変わってしまいますからね。誤請求はマズイですよねー」
相手「そう……ですよね。こういう作業は不慣れだから、心配で……」
自分「慣れるしかありませんね。――後、入力ミス以外にも、間違って項目の削除とかしないように気を付けてくださいね? 他の画面でエラーが出て業務が止まって大混乱しますので(笑)」
~後日~
自分「え……! 先日、教えた人、退職しちゃったんですか? どうして……」

言うまでもなく、相手は、システムで重大な運用ミスをしでかすかもしれないというプレッシャーに、耐えかねてしまったのです。とにかく、ＩＴ素人に、これから使ってもらおうとするシステムに対して、ネガティブな印象を抱かせるのはＮＧです。

そもそも、**「注意喚起」とは、無駄に不安を煽ることではありません。**例では、「気を付けて」と言っていますが、これは抽象的な指示です。相手は、「気を付け方がわからない」「気を付けても駄目かもしれない」と悩んでいるからこそ、不安なのです。

さらに、最初は「（実践で）慣れるしかない」と言いながら、失敗のリスクを過剰に強調したことで、慣れようとする気持ちも、へし折っていたのです。

◆○ 理論武装後

自分「なるほど、誤入力が心配なんですね？　では、入力後、確定をする前に、画面と入力元の情報を照合する作業を、手順書に加えましょう」

相手「あー……そうか。確定するまでは、間違えていても、大丈夫なんですね」

自分「それと、項目の削除は、使用の頻度も低いし、誤操作で消したときの影響も大きいから、管理職だけが実行できるように設定した方がいいですかね」

相手「はい、間違えそうなことが減るのは、とても助かります」
自分「それでも、慣れるまでミスもあるかもしれませんが、こちらでフォローはできますので、何かあったらご連絡ください」
相手「ご迷惑をおかけすると思いますが、よろしくお願いします」

このように、相手が不安を抱えている場合は、それを解消するために具体的な施策を示すことが必要です。同時に、口頭説明だけで済ますのはなく、手順書に落とし込むなど、きちんと機能するようにしておきましょう。

不安の解消も目的ですが、**実際のミスを防止することこそ重要**です。
また、第4章の94ページであったように、そもそも、ミスを誘発しそうな箇所を、事前に潰しておくことも検討しましょう。

最後は、相手にバックアップ体制があることも説明しています。
こうした安心が得られれば、人は物怖じせずに動けるようになるのです。

検索スキルは脱ＩＴ素人の第一歩

本章の最後で扱うのは、「脱ＩＴ素人に向けての説得」です。

第２章では、ネット検索ができるかどうかが、そのまま、ＩＴ素人との境目になり得ることをお伝えしました。つまり、脱ＩＴ素人の足がかりに、ネット検索のスキルを身に付けるように説得するのです。「人に聞くよりも、自分で調べる方が便利」という考えに切り替えてもらうのが、最終目標です。

しかし、単なるネット検索も、ＩＴ素人には敷居の高い作業です。検索する内容を入力するだけでも、キー操作に慣れないと大いに手間取ります。さらに、適切な検索語句を考えたり、検索結果の中からサイトを探したりするのにも、それなりの経験が必要です。

私たちも、検索で思うような成果を得られず、やきもきすることがあります。ネット検索は、案外、面倒な作業なのです。

例題

相手「もしもし？　今から得意先と飲みに行くから、終電の時間を調べてくれ」
自分（またか……。何のために、業務用スマホを持ってるのやら……）
〜後日〜
自分「というわけで、本日は、ネット検索の講習会を行います」

◆✕理論武装前

自分「最初に、ブラウザを起動します」
相手「ブラウザは……これか……？」
自分「調べたい単語を入力してみてください」
相手「打つのに慣れていないから難しい……。――あ、間違えた……」
自分「検索結果の一覧から、目当ての情報があるサイトを探してみましょう」
相手「……この件数の中から……？」
自分「どれが当たりで、どんな言葉で探すと効率的かは、慣れるとわかります」
相手「それまでが大変だ……」

自分「終電時刻を調べてみましょう。『終電』と入力し、検索してください」
相手「えーと、『し……ゆ……う……』――くそ、間違えた……」
自分「あ、一番上に出てきたサイトで探すと楽ですよ？」
相手「それも、覚えないとか……」
自分「乗る駅と、降りる駅を入力し、検索ボタンを押して完了。簡単ですね！」
相手「ふう……なんとかできた……」
自分「続いては、空きホテルの検索方法です。『ホテル』と入力し――」
相手（面倒だ……。やっぱり、会社に電話して頼んだ方が、よっぽど早い……）

教える側は、自分の経験上、簡単で効率的な方法を提供したつもりでしたが、相手との間には、圧倒的な温度差が生まれてしまいました。

私たちの慣れた方法をすすめる前に、**不慣れな相手がそれを快適に使えるか**、そもそも、**その手順が本当に最適なのか**、見つめ直してみましょう。

そして、相手の立場からすれば、現状の方法（同僚に電話する）に不満がないのに、面倒なものに手を出したくないというのが本音です。

そこを覆して、「使うことに意味がある」と納得させる、説得の心得も、忘れてはいけません。

◆○理論武装後

自分「スマホで検索ができるようになると、終電の確認や、空きホテル探しで、わざわざ会社に電話する必要がなくなります。最近、残業も減ったので、電話しても、『誰もいなくて頼めなかったと』という事態も防げます」
相手「あー……確かに、そこは便利ではあるが……」
自分「まずは、終電の確認です。スマホに新しく入れる、乗り換え案内アプリを起動して、『最寄り駅』を押せば、乗る駅の候補を表示してくれます」
相手「え！　手で入力しなくていいのか？　……でも、降りる駅は？」
自分「マイクのボタンを押すと、音声入力ができます。それに、過去に入力した駅は履歴に残るので、次回はその中から選ぶこともできます」
相手「音声入力？　履歴？　ハイテクだ。手入力が必要ないのは助かる」
自分「そして、『終電』ボタンを押して『検索』で完了。できそうですか？」

相手「マイクを押して――『東京』――おお、入力された！」

自分「同様に、最寄りのホテルや、食事処を探すアプリも入れます。アプリから予約もできますが、電話番号も出るので、直に電話することもできます」

相手「むしろ、その方法でいい。手っ取り早い」

自分「余談ですが、アプリ上で、割引券も手に入ります」

相手「そんな得することもあるのか。……それは、どこを見ればいい？」

今回は、自分で検索することの推奨理由を説明し、本題へと入りました。

今や、情報の検索は、ブラウザでのキーワード検索が最適とは限りません。用途に特化したアプリは、最短で目的の情報にたどり着き、ＩＴ素人の鬼門である手入力の回避や、クーポン入手などのメリットもあります。

重要なのは、こうした利便性と簡素化の恩恵で**「自分にもできそう」という、自信を持ってもらう**ことです。

急にブラウザのフリーワード検索で、何でも調べられるようにならなくても、**少しずつできることを増やしていくのが、脱ＩＴ素人への道**なのです。

第9章 危険信号を事前に察知せよ!

危険信号を事前に察知せよ！

ＩＴ素人への理論武装を取り扱ってきた本書も、いよいよ、大詰めとなりました。最後の章では、ＩＴ素人が関わるビジネスシーンに潜む危険の数々と、その回避方法をご紹介します。

もうすでにご理解いただいているように、ＩＴ素人という存在は、業界への知識不足の他、ＩＴとその従事者に対する、さまざまな誤解を内包しています。それらは、私たちが対面したときの苦労だけではなく、後に、工程の不慣れや、認識違いが原因の、トラブルにまで発展することもあります。

プライベートなら、悪くても言い争う程度で済むのでしょうが、これが仕事の案件などで勃発すると、「話と違う！」「賠償だ！」などの言葉が飛び交う、深刻な事態にもなりかねません。

そんなときこそ、「理論武装で解決！」――と言っても、舞台を法廷に変えて、自分の正当性を主張したいという人はいないでしょう。

前述のように、ビジネスシーンともなると、個人の争いが決着したところで、すべて丸く収まるわけではないのです。まして、自社も参加したプロジェクトが失敗するようなことになれば、そこに勝利者など存在しません。

つまり、**事が起きてからでは、もう手遅れ**という状況があることを認識して、大事へと発展しそうな「問題の芽」を、事前に摘んでおく必要があるのです。理論武装は、そのタイミングでこそ実施しなければなりません。

それでは、こうした「問題の芽」は、どのように発見したらよいでしょうか。IT関連の案件には、傾向上、これに該当したら危ないという、**「危険信号」**のような状況があります。見落として進むと、高確率で事故が起きるのです。

以降は、この「危険信号」の該当事例を、1つずつご紹介していきますので、ぜひとも現場で役立ててください。

これらのサインは、相手より経験値がある皆さんが察知し、対応しなければなりません。さもなければ、両者が乗り合わせた車は、まさに、赤信号の交差点へと一直線。一蓮托生の運命です。

皆さんが守るのは、自分の身だけではなく、相手のこともなのです。

依頼者の業務を熟知してると思われている

危険信号

相手「うちは、世間一般的な機能があれば大丈夫です。そこら辺は、ご存知だと思いますので、お任せします」

最初の危険信号は、依頼を受けてシステムを導入したり、開発したりする際、依頼者に、こちらが彼らの業務を熟知していると思われている状況です。ＩＴ素人は、ＩＴ従事者を過信しがちです。その業種のシステムに関わるのだから、当然、自分たちを知り尽くしていると考えてしまう人もいます。さらに、「技術関連のやり取りに関わりたくない」という気持ちから、冒頭のようなセリフで、すべて任せようとするのです。

信頼されるのはいいのですが、同業者でさえ、他人の業務を、正確無比に把握できるとは限りません。当人が、**「一般的」だと主張するやり方が、他では類を見ない、独自アレンジということもあるのです。**

そして、いざ蓋を開け、必要とする機能がないことを知ると、相手の落ち度として責任を追求してきます。「普通に考えて、ないと駄目だろ！」と、彼らも自分たちが身を置く業界の常識を盾に、正当性を主張するのです。

この危険信号に気づいたら、事前に**自分たちの要求をきちんと挙げてもらい、それに対する提案や仕様に関しても、合否を判断してもらう**必要があります。

この工程は必要不可欠で、こちらが業務に詳しいかどうかとは、別問題です。

ユーザーが用意する依頼書は、ＲＦＩ（情報提供依頼書）などがありますが、本格的なものの作成には、相応のスキルが必要なので、自分がベンダー（業者）の立場なら、逆に、ユーザーの要求を吸い上げる働きかけも必要となるでしょう。現場に適したシステムをベンダーに発注する、仲介の立場でも同様です。

面倒くさがられるかもしれませんが、「自分を思って提案してくれている」と感じさせる説明ができれば、相手の印象も違うはずです。

◆危険回避

自分「きちんと、お役に立てるものを提供したいので、ご協力をお願いします」

相手先に意見の取りまとめ役がいない

危険信号

相手「質問や要望は、現場から、ざっくばらんに問い合わせがいくと思うので、また
その都度、対応をお願いします」

続いての危険信号は、システムの導入や、サポートを行う相手先に、質問や要望などの、意見の取りまとめ役を置いてくれていない状況です。この取りまとめ役というのは、冒頭の言葉を言うような、導入の判断に関わる責任者とは別に、現場の意見を精査し、こちらに報告する役割を担う人物です。

そのような、窓口となる担当者がいないと、まさに、現場からざっくばらんに直接の問い合わせが相次いで、混乱することになります。質問ならまだしもですが、費用込みでの検討が必要な要望事項まで寄せられ、時には、複数人から競合した内容が上がってくるときもあります。「あの人の要望は無視していいので、こっちの対応を優先してください」などと、派閥争いに巻き込まれでもしたら、いい迷惑です。

この危険信号に気づいたら、言うまでもなく、相手先に明確な担当者を置いてもらうことです。ざっくばらんな問い合わせ対応を了承してはいけません。

もっとも、実際はそれらしき立場の人間は、すでに存在している場合が多いのです。役職者が、ぼんやりと兼任していることもあります。つまり、いるにはいるものの、こちらが望む、意見の取りまとめおよび、窓口としての業務が割り振られていないのです。

よって、先方に担当者を置いてもらうように要求する際は、**どのような役割を担ってほしいかまでも、きちんと伝える**必要があるのです。

ＩＴに詳しい人なら、やり取りがスムーズで、何かのときに協力してもらえますが、そこは、あまり差し出がましくならないよう、先方と相談しましょう。

◆危険回避

自分「要望事項は、費用込みでの検討になることもありますので、取りまとめて精査してから、担当の方よりご相談いただくよう、お願いいたします」

現場か上層部の片一方の要求で動いている

危険信号

相手「今度、現場に入れるシステムの候補だが、どの業者も違いがわからんな。値段も安いし、最初のところのでよくないか？」

自社で、ＩＴ化を推進する際に注意しなければならないのは、現場か上層部の片一方の要求だけで、物事が動いている状況です。上層部は、コスト面や、システムから出力できるマネジメント関連のデータに着目しがちであり、現場は、実際の使い勝手や、機能が実務に足り得るかで判断するので、何を求めるかの視点が、そもそも違うのです。

冒頭のような提案に、「左様でございます、社長」などと安易に同意すると、導入後に、現場から「使いにくい」などの非難を浴びる可能性があります。

もちろん、その逆パターンも然りです。現場の声に真摯に対応したつもりが、マネジメント系の帳票が出せずに、上から大目玉ということもありえます。

この危険信号に気づいたら、当然、双方から意見を汲み取る必要があります。可能であれば、導入するシステムを選定する面子に加えたいところです。

ただし、ただ参加させれば、的確な意見を述べてくれるとは限りません。現場サイドの人間は、意思決定の場にお偉方がいると、萎縮して発言を控えてしまったり、逆に、相手の意見に同調したりするかもしれません。

また、双方に言えることですが、目の前のシステムの機能ばかりに目がいき、自分の業務との照らし合わせが、おろそかになることもあります。

これらを防ぐには、事前に、**各自の業務フローを書き出し、可視化する**ことを推奨します。その中から、システム化するものを決定し、それを選定条件とする共通認識を持つことで、自分たちの求めるものも明確になります。

また、選定者がこのような役割だと説明すれば、システムの選定という作業に抵抗があるIT素人の人も、安心して協力できるようになります。

◆危険回避

自分「現場の人間も選定に加えて、再度、必要な機能を洗い出してみましょう」

キーパーソンに話が通っていない

危険信号

相手「社長の承認ですか？　まだですが……まあ、大丈夫かとは……」

前節は、現場か上層部の片一方の要求で動くことの危険性の話でしたが、関連して、キーパーソンに話が通っていないまま、工程を進める危険性についても、触れておきたいと思います。

キーパーソンとは、組織の中で物事の決定に関わる人物であり、わかりやすいところでは経営陣や、各部の役職者などが該当します。中には、肩書がなくても「あの人には、話しておかないと」といった、少々面倒な人もいます。

彼らを蚊帳の外にしていると、いざ話が伝わったときに、『鶴の一声』によって企画が変更になったり、最悪は、白紙に戻されたりすることもあります。また、役職者に関しては、企画の責任を負う役割もあるので、彼らが認知していないと、問題が起きたときに、責任の矢面に立たされてしまうのです。

この危険信号に気づいたら、早急にキーパーソンたちに、話を通すように動く必要があります。自社であれば、企画書を作成して、各キーパーソンを通過させる承認フローがあるかもしれませんが、必ず通したい企画であれば、それより前もって、根回ししておくことも必要です。

特に、キーパーソンの中にＩＴ素人がいると、ＩＴ関連の提案は理解されず却下されてしまう可能性があります。前章の『説得する』のようなケースが多いはずなので、理論武装をして望みましょう。

他社の案件の場合は、話が通っているものと期待していると、冒頭のように、肝心なところに伝わっていないということがあります。

確実な案件受注のために、相手方のキーパーソンは早期に洗い出して、話を通したいところです。必要に応じて、挨拶やプレゼンの機会をもらいましょう。

◆危険回避

自分「承認に関わる方々に、一度、お話する機会をいただけますか?」

とにかく早期対応を要求される

危険信号

相手「いつになったら取り掛かるんだ？　考えている間にやった方が早いだろ」

第4章では、サポートにおいて、相手は何かと対応を急かしてくるということに触れましたが、こうした傾向は、システムの開発や改修、パッケージ製品の選定などでも見られます。彼らの言う早期対応が難しい理由はさまざまですが、中でも、構想や設計に費やす時間は、その重要性にもかかわらず、悠長な無活動期間だと誤解されがちです。

実際は、この企画段階こそが要であり、旅行にたとえれば、目的地への道順や、交通機関の乗り継ぎを調べているようなものです。行き方の他にも、所要時間や金額などを調べていることもあります。その準備を待たずに闇雲に急かすのは、ナビもセットせずに車を出させたり、快速が控えているのに、今来た各駅停車に押し込んだりするようなものです。改修の場合、きちんと雨漏りを塞ごうとしているのに、「バケツを置け」と、言われているようなもの——とのたとえも、付け加えておきます。

何にせよ、効率的な進め方の模索や、付け焼き刃の対応の回避と言っても、傍目からは、なかなか理解を得がたいのです。

だからといって圧力に屈してしまうと、結局は全体的な対応時間が伸びた上、当初の目的を果たせないようなものが、納品される危険性があります。

この危険信号に気づいたら、企画段階の重要性を、前述のようなたとえ話なども利用して説明しましょう。

ただ、その際は、いつまでかかるかということも説明できないと、相手は納得しかねるでしょう。**完工までのスケジュールを、ロードマップ(工程表)として提示する**のが、理想的です。

◆危険回避

自分「こちらの資料をご覧ください。確実な対応を行う上で、ここまでの期間は設計に当てさせていただく必要があります」

とにかく安く済ませようとする

危険信号

相手「高価なパソコンなんて買う必要ないだろ。ソフトが動けばいいんだから」

ＩＴ素人が、ＩＴ関連の製品やサービスを選定するとき、機能面などに詳しくない分、判断材料にしがちなのが安さです。端末は、業務アプリの動作環境を最低限満たす中で、最安値のものを購入。アプリやサービスに関しては、必要不可欠なもの以外は購入すらせず、現場の力で乗り切る。それこそが、正しい選択であると考えている人も、少なくありません。

結果、現実はどうなるかと言えば、低スペックの端末で、動作遅延に悩まされながらの業務。手作業、手計算によるミス。残業の発生――といった具合です。

より悲惨なケースとしては、「他社製品は高いから」と、システムを内製し、長期開発の末、出来上がった問題だらけのアプリを、延々と保守する顛末です。

ことわざで、『ただより高いものはない』と言いますが、ＩＴ関連はまさに、それを体現したかのような、失敗談の宝庫です。

この危険信号に気づいたら、検討対象の端末やアプリなどを、レンタルや無料体験期間を利用して、事前に検証してみることです。

その上で、こちらも相手に合わせて、結果をコスト面から説明しましょう。

たとえば、アプリを使用して、日当1万円で8時間労働の社員が、日に1時間を削減できたのなら、1日で1250円の節約。これを基準に、月収や、使用人数分も算出することができます。端末の比較も、スペックの良いものと、悪いもので作業時間を比較し、同様に金額換算が可能です。

わざわざ検証するのも大変ですが、信用に足ることを言うには、実証実験でのデータを提示するのが一番です。

◆危険回避

自分「導入前に、試用期間でコストパフォーマンスを検証してみましょう」

システムの導入ありきで話が進んでいる

危険信号

相手「業績のいいところは、みんな、あの会社のシステムを導入してるそうだ。うちも、早急に手配したまえ」

今や、企業の業績向上やコストカットに、ＩＴのアシストが欠かせない時代となりました。業務の効率化は当然として、ＣＲＭ（顧客関係管理）など、今までは積極的でなかった分野を、システムの導入に合わせて開拓するケースも増えています。

ただ、中には、「導入さえすれば恩恵にあやかれる」「現場の若い人なら、すぐに使いこなせる」――と、まさに、いろいろと過信してしまう人もいます。

もちろん、最初は興味を持つところから始まるものですが、そこから、機能を調べたり、自社の業務内容と照らし合わせたりもせず、システムの導入ありきで話を進め、購入を先走ってしまうのです。

結果として、受け入れ体制が整っていない状態で、現場にぽんっとシステムが投げ込まれ、まったく活用されないままランニングコストを払い続け、そのうちお払い箱というのが、よくあるパターンです。

この危険信号に気づいたら、まずは導入に「待った」をかけるべきです。

システムを導入する目的が、既存の業務の改善でも、新規の分野の開拓でも、**現状の業務内容を見直す**ところから、始めなくてはなりません。

たとえば、手書きだった報告書をシステム化するとして、実は、誰もその書類に目を通していないとしたら、システム化以前に、不要な業務ということです。

導入で新たな作業が発生する場合は、そこに割けるリソースがあるか確認し、必要であれば、新規雇用なども検討しなければなりません。

こうした分析過程がなければ失敗すると、理解してもらうことが重要です。

◆危険回避

自分「一度、社内の業務分析を行い、どのようにシステムを活用したらいいかを確認しましょう。高い買い物なので、慎重にいきましょう」

セキュリティやバックアップがおろそか

危険信号

相手「パスワードなんて付けたら、いちいち覚えるのが大変でしょ！」

ＩＴ関連の危険信号の中でも、まさに危険そのものなのが、セキュリティや、バックアップがおろそかになっている状況です。

巷では、外部からの攻撃による情報の流出、紛失などが話題に上がりますが、それ以前に、パスワードをかけていない端末や、フラッシュメモリを落として、中を盗み見られたり、端末の故障で重要なデータが失われたりと、危険はもっと身近に潜んでいます。外部からの攻撃も、迷惑メール程度は日常茶飯事です。

パスワードの入力、怪しいメールの確認、バックアップの事前設定――そんな一手間で防ぐことができるトラブルも多いのですが、その一手間もＩＴ素人にとっては、理不尽な追加作業に感じられるものです。

よって、いくら注意喚起をしても、危機感よりも面倒さが勝っている相手は、なかなか指示に従ってくれないことがあります。中には、業務効率の悪化を盾に反論してくる人もいます。もっと深刻なのは、上層部までもがそうした意識に染まっている場合です。後ろ盾がないこちらが、まさに、悪者扱いされてしまうのです。

この危険信号に気づいたら、やはり、**最初に説得すべきは上層部**です。

資産の損失や、情報流出の被害を、社内で一番恐れているのは彼らであり、予防のための施策を、現場に業務レベルで実施させることもできるからです。

組織内の、セキュリティに関する行動指針(**情報セキュリティポリシー**)を、トップダウンにより周知徹底させるのは、国が提唱する方法でもあります。

情報資産の保護は、企業の経営課題だと認識してもらうことが必要なのです。

◆危険回避

自分「現状、社内の情報資産保護に対する意識が低い状況です。このままだと、問題が発生しますので、説明のお時間をいただけますでしょうか?」

ネット上の苦情に気づいていない

危険信号

相手「ネットの評判？　そんなもの、いちいち気にする必要はないだろ」

現代は、誰でも気軽に情報を発信できる、「一億総発信者時代」とも呼ばれ、ＳＮＳを筆頭に、企業のサービスに対する批評が、数多く飛び交っています。

ネットの広報に積極的な企業は、こうした口コミを、ビジネスチャンスに活用しようと目論む一方で、自社のイメージダウンに繋がる書き込みにも敏感です。不祥事はもとより、世間の反感を買う対応により、非難の集中砲火を浴びて、経営不振にまでいたる、いわゆる「炎上案件」が、後を絶たないからです。

対して、ＩＴ素人の経営者は、こうした世上をなんとなく感じ取ってはいるものの、ネットを活用する土俵に踏み入らなければ、自分には無縁の世界だと、錯覚している部分があります。

しかし、今やネットの批評と無縁に経営をするのは、不可能な時代です。飲食店であれば、自社でウェブサイトを設けなくても、口コミサイトに情報がまとめられ、勝手にランク付けされてしまいます。悪い評価が目立てば客足は遠のき、雇用の際も求職者からは避けられてしまうことでしょう。

苦情や悪評は改善すべき箇所でもあります。真摯に対応することで、企業の品質向上へと繋がるのです。そのため、問題なのはこれらに無頓着で、傍からの批判が一向に改善されないことです。その姿勢が不誠実だと思われ、さらなる批判や失望を招くのです。

この危険信号に気づいたら、まずは現状、出ている苦情を、取りまとめて報告することです。ネットの苦情も貴重な意見であると認識してもらい、できれば、定期的にこれを収集し、会議などで報告する体制になれば理想的です。

◆危険回避

自分「社名をネットで検索すると、まず、サービスへの苦情が表示されてしまう状態です。放っておくと、大変なイメージダウンです」

IT関連のなんでも屋にされている

危険信号

相手「君がやるのが当然だろ。うちは、みんなIT素人なんだからさ」

最後の危険信号は、社内でIT関連の「なんでも屋」にされている状況です。

もし、あなたが「社内SE」などの肩書で採用されたのなら、ITインフラの整備や、サポートも、業務内容に含まれていることでしょう。しかし、他の技術職であったり、少し詳しいだけで、ITと無関係だったりということであれば要注意です。片手間で、やむなく「なんでも屋」を引き受けていたつもりでも、周囲はそれを、当然の仕事だと認識しているかもしれません。その場合、引き受けているのは作業だけではありません。トラブルの発生時などに、**あらぬ責任を負わされる可能性もある**のです。

この危険信号に気づいたら、上司に、業務範囲を確認しましょう。現状を許容するかどうかは別で、責任の範疇は明確にしなければなりません。

やぶ蛇で、正式に「なんでも屋」に任命されるのを避けたいなら**本業以外で行った作業と、その対応時間についても、資料にまとめて報告**しましょう。物量を可視化すると、問題としてわかりやすく、検討もしやすくなります。同時に、現状の改善案も提示すれば、話もスムーズです。

本来的には、正当な社内ＳＥを連れきてもらえれば解決です。ただ、提案する価値こそありますが、雇用関係となると、ハードルは高いかもしれません。

次点としては、自分が請け負っている作業を、担当分けしてもらう提案です。分担なら、全員があなたと同レベルである必要はありません。一人ずつ可能な作業を割り振り、ＩＴ素人の社員には、スキルの向上を促す案もあります。

他の社員の業務を増やすことは気が引けるかもしれませんが、あなただけが、負担を強いられる状況こそが間違いです。負い目を感じる必要はありません。

◆危険回避

自分「このように、本業に支障が出ている状況です。専任を設けていただくか、社内で作業分担をしていただくよう、ご協力をお願いします」

おわりに

本書は、ＩＴ素人に私たちの主張を理解してもらうのと同時に、こちらも、相手のことを理解する、相互理解の重要性を意識しながら執筆しました。それは、ストレス耐性や、相手にフィットする理論の構築にも関わりますが、もっと根幹的な、人と人との関係において大切な要素だからです。

ＩＴ素人への理論武装という枠組みを超えたテーマだと感じられるかもしれませんが、おそらく、皆さんが彼らへの対応を模索する中で、求めているものの1つであると思います。本来、こんなにストレスを抱え、時間も取られ、無理を強いられる申し出は、体裁を気にせず断る手もあるのです。仕事上の関係であっても、あまりに負担が大きく、理解してもらえない状況なら、配置換えを希望したり、思い切って職場自体を変えたりするのも、解決方法の1つです。

しかし、本書を手に取ったあなたは、なんとか、対話による円満な解決を試みようとしています。その理由は、諸事情でやむを得ずというだけではなく、相手への思いやりや、築いてきた関係を大切にしたいという気持ちからではないでしょうか。

その視点で見れば、ＩＴ素人とは、一個人が抱える属性ではなく、相手との関係の中で共有する、解決すべき課題の１つともいえます。

便利で不親切なＩＴと一緒に、お互いの主張や立場も理解することで、関係は保たれるのです。

そして、ＩＴ素人を理解する上で忘れてはならないのが、みんなが最初は、ＩＴ素人だったということです。本書の事例には、著者が、彼らの立場だったときを思い返して書いたものもあります。

昔の自分はどうだったか、どうしてほしいのかを考えたら、心なしか、問題が簡単になったように感じられます。

せっかくなので、それを、今後自分がＩＴ素人と関わる時のための教訓として書き留めてみましょう。著者はよくある「十か条」の形式にしてみましたので、この場を借りてご紹介したいと思います。

ＩＴ素人と関わる人に伝えたい十か条

一、はじめの一歩は、助けが必要
二、専門用語は、まず説明から
三、あなたが怒ると、相手も怒る
四、きっと、一度には覚えきれない
五、きっと、一回では覚えられない
六、やり方を押し付けるより、やりやすい方法を探してみる
七、万能ではないけれど、便利だと伝える
八、便利と一緒に、危険も伝える
九、あなたが我慢するのは、解決ではない
十、みんな、最初はＩＴ素人

皆さんが、それぞれでこの「十か条」のような教訓を考えられるのなら、著者が本書で伝えたかったことに共感していただけたということだと思い、とてもうれしく思います。

今後もきっと険しい道のりが続きます。悩んだときに、また本書を開くことで、皆さんの大切な関係を守るための、理論武装のヒントが見つかるように、願ってやみません。

2020年3月

黒音こなみ

■著者紹介

黒音（くろね） こなみ

SE。ソフトウェア開発と兼任で、カスタマーサポートと情報システム部門に従事。社内外でIT関連の問い合わせに対応してきた。2019年には、サークル『SCHEMANEKO（すきまねこ）』を設立。本書の原作である『対・ITオンチ理論武装』の他、『ラノベでわかる情報セキュリティ』『Officeはそうやって使うもんじゃねえからっ!?』といった、一風変わった技術同人書籍を制作している。

編集担当 ： 吉成明久 / カバーデザイン ： 秋田勘助（オフィス·エドモント）

IT素人を説得する技術
～相手を説得し納得させるエバンジェライズ（伝道）の極意

2020年5月1日　初版発行

著　者　黒音こなみ
発行者　池田武人
発行所　株式会社　シーアンドアール研究所
新潟県新潟市北区西名目所4083-6（〒950-3122）
電話　025-259-4293　FAX　025-258-2801

ISBN978-4-86354-305-8 C3055